绿色食品申报指南丛书

绿色食品现场检查案例

中国绿色食品发展中心 编著

中国农业科学技术出版社

图书在版编目（CIP）数据

绿色食品现场检查案例 / 中国绿色食品发展中心编著. --北京：中国农业科学技术出版社，2024. 5

ISBN 978-7-5116-6674-1

Ⅰ. ①绿… Ⅱ. ①中… Ⅲ. ①绿色食品－食品检验－案例 Ⅳ. ①TS207.3

中国国家版本馆CIP数据核字（2024）第 022812 号

责任编辑 史咏竹
责任校对 马广洋
责任印制 姜义伟 王思文

出 版 者 中国农业科学技术出版社
北京市中关村南大街 12 号 邮编：100081
电 话 （010）82105169（编辑室） （010）82106624（发行部）
（010）82109709（读者服务部）
网 址 https: // castp.caas.cn
经 销 者 各地新华书店
印 刷 者 北京地大彩印有限公司
开 本 148 mm × 210 mm 1/32
印 张 8.875
字 数 231 千字
版 次 2024 年 5 月第 1 版 2024 年 5 月第 1 次印刷
定 价 58.00 元

《绿色食品现场检查案例》
编著人员

总 主 编 张志华

主　　编 李显军　陈　倩

技术主编 张　侨　乔春楠

副 主 编 赵　辉　郜维娓　王雪薇　陈红彬　张逸先　曹　雨　赵　坤

编著人员（按姓氏笔画排序）

王　刚　王　晶　王　璋　王宗英　王祥尊
王雪薇　尤　帅　卞　军　乔春楠　刘学锋
刘新桃　江　波　孙红梅　李　田　李　浩
李永伟　李字明　李国梁　李建锋　李显军
李晓莉　李瑞银　杨　琳　杨　震　杨金同
宋　铮　宋建伟　迟　腾　张　侨　张会影
张逸先　陈　伟　陈　倩　陈红彬　杭祥荣
罗　旭　周绪宝　赵　辉　赵方方　赵永红
赵建坤　郜维娓　钱琳刚　徐淑波　栾其琛
郭碧瑜　黄国梁　黄艳玲　曹　雨　常筱磊
盖文婷　斯　青　谭周清　穆建华

序

良好的生态环境、安全优质的食品是人们对美好生活的追求和向往。为保护我国生态环境，提高农产品质量，促进食品工业发展，增进人民身体健康，农业部[①]于20世纪90年代推出了以“安全、优质、环保、可持续发展”为核心发展理念的“绿色食品”。经过30多年的发展，绿色食品事业取得显著成效，创建了一套特色鲜明的农产品质量安全管理制度，打造了一个安全优质的农产品精品品牌，创立了一个蓬勃发展的新兴朝阳产业。截至2022年年底，全国有效使用绿色食品标志的企业总数已达25 928家，产品总数达55 482个。发展绿色食品为提升我国农产品质量安全水平，推动农业标准化生产，增加绿色优质农产品供给，促进农业增效、农民增收发挥了积极作用。

当前，我国农业已进入高质量发展的新阶段。发展绿色食品有利于更好地满足城乡居民对绿色化、优质化、特色化、品牌化农产品的消费需求，对我国加快建设农业强国、全面推进乡村振兴、加强生态文明建设等战略部署具有重要支撑作用，日益受到各级地方

① 中华人民共和国农业部，简称农业部。2018 年 3 月，国务院机构改革将农业部的职责整合，组建中华人民共和国农业农村部，简称农业农村部。

政府部门、生产企业、农业从业者和消费者的广泛关注和高度认可。越来越多的生产者希望生产绿色食品、供应绿色食品，越来越多的消费者希望了解绿色食品、吃上绿色食品。

为了让各级政府和农业农村主管部门、广大生产企业和从业人员、消费者系统了解绿色食品发展概况、生产技术与管理要求、申报流程和制度规范，中国绿色食品发展中心从2019年开始组织专家编写《绿色食品申报指南》系列丛书，目前已编写出版稻米、茶叶、水果、蔬菜、牛羊和植保6本专业分卷，以及《绿色食品标志许可审查指南》《绿色食品现场检查指南》，共8本图书。2023年，中国绿色食品发展中心继续组织编写了水产、食用菌、蜂产品3本专业分卷。同时，为总结各地现场检查典型经验，进一步提高检查员现场检查技术水平，中国绿色食品发展中心邀请从事绿色食品审查工作多年的资深检查员共同编写了《绿色食品现场检查案例》。

《绿色食品申报指南》各专业分卷从指导绿色食品生产和申报的角度，将《绿色食品标志管理办法》《绿色食品标志许可审查程序》《绿色食品标志许可审查工作规范》以及绿色食品标准中的条文以平实简洁的文字、图文并茂的形式进行详细解读，力求体现科学性、实操性和指导性，有助于实现制度理解和执行尺度的统一。每卷共分5章，包括绿色食品概念、发展成效和前景展望的简要介绍，绿色食品生产技术的详细解析，绿色食品申报要求的重点解读，具体申报的案例示范，以及各类常见问题的解答。

《绿色食品现场检查案例》从指导检查员现场检查工作的角度，面向全国精选了一批不同生产区域、不同生产模式、不同产品类型的现场检查典型案例，完整再现现场检查实景和工作规范，总结现场检查经验技巧，展示绿色食品生产技术成果，以实例教学的方式解读《绿色食品现场检查工作规范》及绿色食品相关标准，并结合产品类型特点，对现场检查过程中的关键环节、技术要点、常见问题、风险评估等进行了分析探讨和经验总结，对提高现场检查工作的规范性和实效性具有重要指导意义。

《绿色食品申报指南》系列丛书对申请使用绿色食品标志的企业和从业者有较强的指导性，可作为绿色食品企业、绿色食品内部检查员和农业生产从业者的培训教材或工具书，还可作为绿色食品工作人员的工作指导书，同时，也为关注绿色食品事业发展的各级政府有关部门、农业农村主管部门工作人员和广大消费者提供参考。

中国绿色食品发展中心主任 金发忠

前　言

现场检查是绿色食品标志许可审查的重要环节，是全面真实收集第一手资料、审核证据的重要方法，是发现问题、防范风险的重要措施。扎实有效开展绿色食品现场检查工作，对提升绿色食品标志许可有效性、确保绿色食品产品质量和品牌公信力、促进绿色食品事业持续健康发展具有重要意义。

1993年，农业部颁布的《绿色食品标志管理办法》第二章第六条明确规定："中国绿色食品发展中心对质量和卫生检测合格的产品进行综合审查（含实地核查）。"2012年，农业部对《绿色食品标志管理办法》进行了修订，其中第二章第十二条规定："省级工作机构应当自收到申请之日起10个工作日内完成材料审查。符合要求的，予以受理，并在产品及产品原料生产期内组织有资质的检查员完成现场检查。"现场检查作为绿色食品基本制度安排的一项重要内容予以正式明确。

2003年，中国绿色食品发展中心发布《绿色食品认证制度汇编》《绿色食品检查员工作手册（试行）》（〔2003〕中绿字第148号），建立了比较完整的绿色食品认证检查制度，提出首次会议、实地检查、随机访问、查阅文件（记录）、总结会5个环节基本要求，并制定了《绿色食品现场检查项目及评估报告》，为检查员实施现场检查提供了制度保障和工作依据。

为适应《绿色食品标志管理办法》（农业部令2012年第6号）相关审查制度调整的需要，2014年，中国绿色食品发展中心制定发布了《绿色食品现场检查工作规范》，形成了较为全面的现场检查制度，不仅进一步细化完善了现场检查工作程序和要求，而且立足绿色食品生产实际和产品特点，分别规定了种植、畜禽、加工、水产、食用菌、蜂产品等专业现场检查要点，并提出了《现场检查报告》范本。《绿色食品现场检查工作规范》为保障现场检查的科学性、规范性和有效性，推动绿色食品事业持续健康发展提供了强有力的技术支撑。

伴随绿色食品事业的快速发展，绿色食品发展战略已逐步由总量扩张向质量提升与规模扩大并重转变。为适应新形势、新要求，2022年，中国绿色食品发展中心结合工作实际，对《绿色食品现场检查工作规范》进行了修订完善，在原有检查环节基础上，加强了现场检查计划和总结沟通环节要求，增加了线上远程检查方式，加强了检查员对农药、肥料、饲料、渔药、兽药、饲料及饲料添加剂、食品添加剂等投入品来源和使用等检查重点环节和关键风险点的现场调查和核实，强化风险评估，严格把控风险，现场检查制度与机制进一步完善，现场检查要求进一步加严，现场检查的实效性进一步得到保障。

近年来，现场检查工作得到了各级绿色食品工作机构和广大检查员的高度重视，现场检查职责得到进一步强化，现场检查质量把关水平得到明显提升，绿色食品理念和标准在生产中得到有效落实，对推动绿色食品事业高质量发展发挥了重要作用。作为一种重要的审查方式，现场检查突破了书面审查的束缚，更加注重检查员的专业技术能力、现场组织能力、调查分析能力，而且要具备丰富的生产实践经验。要保证现场检查工作高质高效实施，检查员应遵循依法依规、科学严谨、公正公平和客观真实的原则，不仅要注重检查程序环节，确保现场检查的规范性，也要注重检查经验技巧，增强现场检查的实效性。然而在实际工作中，经常由于检查员受自身专业水平所限或实践经验不足，导致现场检查存在流于形式等问题。为总结现场检查典型经验，充分展示各地绿色食品现场检查工作的探索与成果，进一步提高现场检查工作的规范性和实效性，中国绿色食品发展中心与地方绿色食品工作机构专家共同编写了一批绿色食品现场检查案例。此次编入本书的案例共16个，涵盖了种植、畜禽、水产、加工、食用菌等专业领域的水果、蔬菜、牛肉、鸡蛋、茶叶、大米、中华绒螯蟹、平菇等产品。这些案例真实、完整再现了检查员现场检查工作实景，展示了在现场检查实践中的检查流程、检查技巧和经验做法，结合专业和产品特点，对生产关键环节的检查要点、风险防控、标准落实等方面进行了分析探讨，具有较强的启示、示范和引领作用，可供各地绿色食品工作机构及广大检查员参考借鉴。

在本书编写过程中，得到各地绿色食品工作机构领导、专家和绿色食品企业的热心指导和大力支持，在此表示衷心感谢。由于现场检查的模式方法也在不断总结、完善和创新中，案例中存在不妥之处在所难免，敬请批评指正。

编著者

目 录

案例一

绿色食品苹果现场检查案例分析

——以天水昊源农艺有限公司为例

一、案例介绍

天水昊源农艺有限公司（以下简称昊源公司）成立于2012年6月，注册资金300万元，是一家以果品种植、收购、运销和农业观光为主要业务的综合性农业开发公司。昊源公司有管理人员18人，常年聘用员工86人，季节性用工300多人，精准扶贫带动贫困户87户，是甘肃省天水市扶贫龙头企业、麦积区农业产业化龙头企业。历史上，天水市麦积区是花牛苹果的原产地。昊源公司于2012年在麦积区石佛镇流转2 268亩[①]梯田山地，依托天水独特的地理自然优势，大力发展以天水花牛苹果为核心的苹果种植产业。昊源公司已投资6 000余万元，建成了绿色食品高标准花牛苹果产业示范园，充分发挥规模化、标准化、产业型、绿色化栽培的示范引领作用，推进全区乃至全市果品产业向绿色、优质、高效、营养的方向发展。目前，基地共栽植的苹果、大樱桃等10万余株果树已进入盛果期。

除了驰名中外的天水花牛苹果外，昊源公司还引进了精品红富士苹果烟富8号、维纳斯黄金等新优品种，并注册了“一生苹安”商标，苹果产品多次在全国各类展销会获得“金奖”，得到地方政

① 1亩≈667米^2，全书同。

府、社会各界以及消费者的一致认可和好评。昊源公司基地被天水市人民政府命名为“天水市花牛苹果十大基地”之一，其矮化密植园被甘肃省农业农村厅列为“省级示范基地”，同时，昊源公司被甘肃省政府和甘肃省农业科学院聘为甘肃省农业科技创新联盟理事单位。

二、现场检查准备

（一）检查任务

昊源公司于2023年6月10日向甘肃省农产品质量安全检验检测中心提出绿色食品标志使用申请，申请产品为花牛苹果，年产量3 750吨。按照《绿色食品标志管理办法》等相关规定，经审查，申请人相关材料符合要求，由甘肃省农产品质量安全检验检测中心于2023年6月12日正式受理，向申请人发出“绿色食品申请受理通知书”（图1-1），同时计划安排现场检查。

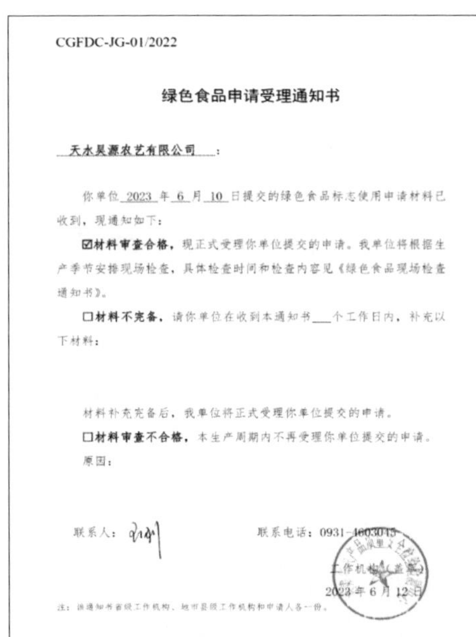

CGFDC-JG-01/2022

绿色食品申请受理通知书

天水昊源农艺有限公司：

你单位 2023 年 6 月 10 日提交的绿色食品标志使用申请材料已收到，现通知如下：

☑**材料审查合格，**现正式受理你单位提交的申请。我单位将根据生产季节安排现场检查，具体检查时间和检查内容见《绿色食品现场检查通知书》。

☐**材料不完备，**请你单位在收到本通知书___个工作日内，补充以下材料：

材料补充完备后，我单位将正式受理你单位提交的申请。

☐**材料审查不合格，**本生产周期内不再受理你单位提交的申请。

原因：

联系人：[签名]　　联系电话：0931-4603045

工作机构（盖章）

2023 年 6 月 12 日

注：该通知书省级工作机构、地市县级工作机构和申请人各一份。

图 1-1　绿色食品申请受理通知书

（二）检查人员

甘肃省农产品质量安全检验检测中心派出检查组，检查组成员如下。

组长：甘肃省农产品质量安全检验检测中心（甘肃省绿色食品办公室） 高级检查员 王刚

组员：天水市麦积区农产品质量安全检测中心（天水市麦积区绿色食品办公室） 高级检查员 汪国锋

组员：甘肃省农产品质量安全检验检测中心（甘肃省绿色食品办公室） 实习检查员 张天皓

（三）检查时间

根据苹果生育期和产品生产特点，检查组定于2023年6月16日对天水昊源农艺有限公司实施绿色食品苹果现场检查。甘肃省农产品质量安全检验检测中心于2023年6月12日，向申请人发出“绿色食品现场检查通知书”，申请人签收确认（图1-2）。

CGFDC-JG-03/2022

绿色食品现场检查通知书

天水昊源农艺有限公司：

你单位提交的申请材料（**初次申请☑ 续展申请☐ 增报申请☐**）审查合格，按照《绿色食品标志管理办法》的相关规定，计划于2023年6月16日至16日对你单位的花牛苹果（产品）生产实施现场检查，现通知如下：

1. 检查目的

检查申请产品（或原料）产地环境、生产过程、投入品使用、包装、储藏运输及质量管理体系等与绿色食品相关标准及规定的符合性。

2. 检查依据

《食品安全法》、《农产品质量安全法》、《绿色食品标志管理办法》等国家相关法律法规，《绿色食品标志许可审查程序》、《绿色食品现场检查工作规范》、绿色食品标准及绿色食品相关要求。

3. 检查内容

3.1 核实

☑ 质量管理体系和生产管理制度落实情况

☑ 绿色食品标志使用情况（适用于续展申请人）

☑ 种植、养殖、加工过程及包装储藏运输等与申请材料的符合性

☑ 生产记录、投入品使用记录等

3.2 调查、检查和风险评估

☑ 产地环境质量，包括环境质量状况及周边污染源情况等

☑ 种植产品农药、肥料等投入品的使用情况

☐ 食用菌基质组成及农药等投入品的使用情况，包括购买记录、使用记录等

☐ 畜禽产品饲料及饲料添加剂、疫苗、兽药等投入品的使用情况，包括购买记录、使用记录等

☐ 水产品养殖过程的投入品使用情况，包括渔业饲料及饲料添加剂、渔药、藻类肥料等购买记录、使用记录等

☐ 蜂产品饲料、兽药、消毒剂等投入品使用情况，包括购买记录、使用记录等

☐ 加工产品原料、食品添加剂的使用情况，包括购买记录、使用记录等

4. 检查组成员

	姓名	检查员专业	联系方式
组长	王刚	种植业	4603045
组员	汪国锋	种植业	/
组员			
组员（实习）	张天皓	/	/
技术专家			

注：实习检查员和技术专家为组成检查组非必须人员

5. 现场检查安排

检查组将依据《绿色食品标志许可审查程序》安排首末次会、环境调查、现场检查、投入品和产品仓库查验、档案记录查阅、生产技术人员现场访谈等，请你单位主要负责人、绿色食品生产管理负责人、内检员等陪同检查。

图1-2 绿色食品现场检查通知书

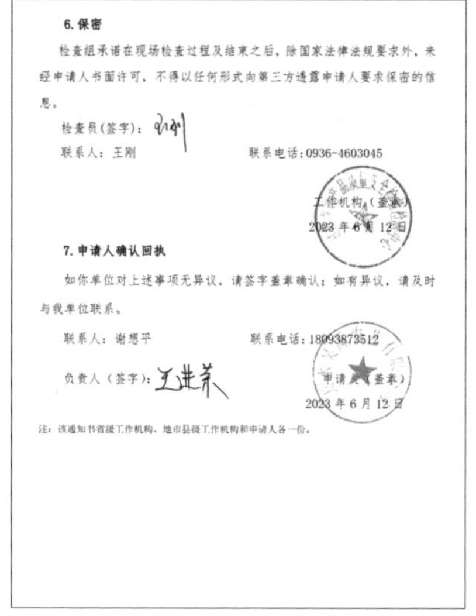

6. 保密

检查组承诺在现场检查过程及结束之后，除国家法律法规要求外，未经申请人书面许可，不得以任何形式向第三方透露申请人要求保密的信息。

检查员(签字)：

联系人：王刚　　　　联系电话：0936-4603045

工作机构（盖章）

2023 年 6 月 12 日

7. 申请人确认回执

如你单位对上述事项无异议，请签字盖章确认；如有异议，请及时与我单位联系。

联系人：谢想平　　　　联系电话：18093873512

负责人（签字）：

申请人（盖章）

2023 年 6 月 12 日

注：该通知书省级工作机构、地市县级工作机构和申请人各一份。

图 1-2 （续）

（四）检查内容

现场检查前，检查组成员审核“绿色食品标志使用申请书”“种植产品调查表”、种植规程、质量管理手册、基地证明材料等，了解申请人和申报产品基本情况。依据绿色食品标准规范，检查组确认本次现场检查重点内容：调查申请产品花牛苹果产地环境质量及周边污染源情况，检查申请人生产操作规程和质量管理制度落实情况，核实农药、肥料等使用情况以及生产记录等，验证苹果种植、采收、包装、贮运等生产各环节与申请材料的一致性，及其与绿色食品标准的符合性。

三、现场检查实施

（一）首次会议

检查组召开首次会议，检查组成员、企业管理人员、企业技术人员和企业内部检查员（以下简称内检员）参加会议。检查组组长向企业参会人员介绍检查组成员、现场检查的目的及现场检查的程序要求等。企业负责人向检查组介绍企业基本情况、基地建设情况、作物生产情况、申报绿色食品的目的，以及生产过程中对绿色食品标准、规范执行的情况等。最后，双方共同确认了现场检查行程安排（图1-3）。

图 1-3　首次会议

（二）调查果园环境和规划布局

检查组来到基地周边高地，对照基地图，核实基地位置和范围，俯瞰基地全貌，调查产地环境（图1-4）。苹果生产基地位于天水市麦积区石佛镇杨庄村，基地总面积2 200亩，其中花牛苹果树种植面积1 500亩，另外700亩种植樱桃树，与苹果基地有天然沟壑隔离。基地地形为山地，平均海拔1 723米。基地远离城镇，远离公路、铁路、生活区，周边无工矿企业。产地周围生长松树、柏树、洋槐树、白杨树、柳树等针叶或阔叶林木；山林中有野鸡、野兔等野生动物，生态环境良好。通过与申请人交流和查阅本地区环境背景资料，检查组了解到申请人基地位于苹果

图 1-4　环境调查

的核心产区，年均有效积温3 000℃，年均降水量600毫米，全年日照时数2 900小时，土壤为黄绵土，土壤肥力良好，灌溉水依靠天然降雨，不需要其他灌溉水源，气候、水土等环境条件适宜苹果生长。检查组对基地周边5千米，且主导风向的上风向20千米范围的环境状况进行调查，确认无工矿污染源，空气质量符合NY/T 1054《绿色食品 产地环境调查、监测与评价规范》免测要求。检查组确定环境检测项目为土壤。

检查组对照园区规划图，实地勘察了园区规划布局。苹果采用带分枝大苗建园，一般2～3年可开花结果。基地周边种植农作物，有天然沟壑、园区道路、土墙作为缓冲带和屏障，能有效避免外来污染（图1-5）。基地内环境清洁，规划合理，设施齐全，生态优良。苹果树行间种植紫花苜蓿，不仅吸引蜜蜂授粉，也有利于叶螨、蚜虫、食心虫的天敌繁殖，在天敌数量较多时，参照规定刈割，迫使天敌上树（图1-6）。在苹果树四旁或与苹果树间隔种植有海棠树，检查组与申请人交流了解到种植海棠的目的：一是亲和性好，授粉成功率与坐果率高；二是花期时间相合；三是海棠花的花多花粉量大；四是海棠易管理（图1-7）。基地内安装了气候监控设备和防霜机，便于及时了解气候变化，应对低温对作物的危害（图1-8和图1-9）。

图 1-5　隔离带——园区道路、土墙作为缓冲带和屏障

图 1-6　果园中种植紫花苜蓿吸引蜜蜂授粉

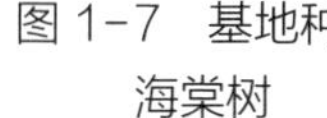
图 1-7　基地种植海棠树

图 1-8　基地安装气象监控设备

图 1-9　基地安装防霜机

当霜冻发生时，防霜机将上方较高温度的空气不断吹送至下方苹果树冠面低温空间，以提高地面温度，避免树体温度降至0℃以下，防止霜的生成，减缓化霜速度，减轻对苹果花芽、花及幼果的二次冻害。

（三）实地检查苹果种植过程

果园建设　检查组深入果园实地检查，现场了解绿色食品苹果基地标准化建设情况（图1-10）。苹果基地始建于2012年。建园之初，基地多为丘陵沟壑区，地形复杂，需要根据其地形集中连片进行规划，综合考虑道路、集雨窖、选果场、仓库等相关配套设施，在园区内配备果园主干道宽5～6米，与公路相接，次干道宽3～5米，便于交通运输。苹果栽

图 1-10　苹果园建设情况

植之前，昊源公司在生产中出现了一些问题，如土壤处理不彻底、水肥条件不优越、缺少资金、技术力量比较薄弱、果园机械化程度较低等问题。面对这些问题，昊源公司深入调查并出台解决办法，积极争取财政涉农资金，合理选择地块，彻底处理土壤，投入资金加强肥水管理，采取集约化栽培模式，同时，加强职业农民培训培养，提高果园机械化程度，以促进苹果园发展。2016年，昊源公司转变苹果发展模式，从改善生产环境、改良生产技术入手，在种植过程中执行绿色食品苹果种植技术规程，限制使用化学合成物质和其他有毒有害生产资料，学习借鉴相关企业绿色生产经验做法，投资6 000余万元，建成了绿色高标准花牛苹果产业示范园，通过大规模、标准化、产业型栽培的示范引领作用，带动全区乃至全市果品产业逐步向高产、优质、高效方向发展。

种苗来源 为保证苹果园建设稳步、高质量进行，花牛苹果种苗由当地农业技术部门指导的育苗企业按照苗木“自繁自育、科学规划、适地栽植”的原则，提供专业育种育苗服务。一般采用平地起垄的地膜育苗方式，选用70厘米宽地膜，每垄两行，行距为20～30厘米，播种沟宽约10厘米，利用深沟浅播加镇压的方法播种。待播种后覆土厚度不超过1.5厘米，播时先开沟，沟内灌足水。待水下渗后，将种子连同湿沙均匀撒入沟内，播后立即覆土，膜两边压实，以提高地温和保墒，确保一播全苗。床内幼苗长到6～8片真叶时进行移栽，一般在5月上旬，以阴天或雨天移栽较好。在砧木苗地上部10厘米左右的光滑面处嫁接，采用“丁”字形芽接，第二年春天剪贴，秋季出圃。苗木出圃时，申报植保植检部门和园艺站产地检疫检验，经确认无检疫病虫并取得检疫证后出圃。

土壤培肥 基地采用增施有机肥、配合施用化肥等措施，保持土壤pH值适宜以及各种营养元素协调平衡供应，改善苹果树体营养状况，增强果树自身抵抗能力，从而达到防治腐烂病、枝干轮纹病等病害发生、优质丰产的目的。使用的肥料包括：①腐熟农家肥，亩施3 000千克；②果树专用有机肥料，亩施1 500千克，有机质含量≥45%，$N+P_2O_5+K_2O$含量≥5%，符合NY/T 525《有机肥料》要求；③复合肥，亩施50千克，氮、磷、钾含量均为18%。经核算，无机氮素用量未高于当季作物需求量的一半，肥料使用符合NY/T 394《绿色食品　肥料使用准则》要求。检查组检查了苹果树体长势，树体营养健康，果实生长良好（图1-11和图1-12）。

图 1-11　检查作物长势

图 1-12　检查果实生长情况

病虫草害防治　基地内花牛苹果常见虫害为蚜虫、潜叶蛾、红蜘蛛等，常见病害为早期落叶病、腐烂病等，为害程度较轻。基地内严格遵守NY/T 393《绿色食品　农药使用准则》有害生物防治原则，主要采用了夏季剪除带有苹果瘤蚜、卷叶虫、腐烂病等病虫的枝梢，集中焚烧或挖坑深埋（图1-13），设置杀虫灯（图1-14和图1-15），悬挂黄板（图1-16），果园生草改善苹果园生态环境（图1-17和图1-18）等农业、物理和生物措施，必要时合理使用代森锰锌、吡虫啉、灭幼脲、联苯肼酯等低风险农药，提高防治的安全性、针对性和有效性。此外，检查组对检查前病虫害发生和防治情况进行了详细了解。果树前期重点防治腐烂病、干腐病，主要防控措施包括清除枯枝落叶，将其深埋或烧毁；结合冬剪，剪除病虫枝梢、病僵果，翻树盘，以及刮除老粗翘皮、病瘤、病斑等；树体喷布1次杀菌剂，主要是石硫合剂。在果实膨大期，落花后30～40天，全园果实套袋，可防治桃小食心虫、果实轮纹病、炭疽病等。

图 1-13　结合夏剪，剪除带有卷叶虫、苹果瘤蚜、腐烂病等病虫的枝梢，集中焚烧或挖坑深埋

图 1-14　查看杀虫灯使用情况

图 1-15　杀虫灯设计合理，使用效果良好，飞虫被灯光引诱，被气流吸入底部挡板，其中可以清理出大量虫子尸体

图 1-16　悬挂黄板

图 1-17　检查员向企业负责人了解园区除草情况

图 1-18　园区工作人员发现，树下种植黑麦草可以减少甚至有效避免其他植株较大的杂草生长

花果管理　经了解，苹果树授粉需要在花朵处于气球状时采花。在主要采授粉品种花朵的同时，适量采集其他品种花朵，制作混合花粉。人工点授时可以用5倍滑石粉稀释花粉，主要给中心花授粉；纱布袋授粉宜在盛花期进行，用10倍滑石粉稀释花粉，将纱布袋在树冠中花集中部位拖拉振动，亦可采用仪器喷粉授粉。提倡引进壁蜂、蜜蜂等蜂群进行授粉。适时疏花疏果，确定适宜负载量，大型和中型果留单果，促进果实着色和营养积累，有利于提高苹果品质。

随机访问　通过访问种植户和生产技术人员，检查组全面了解了果园建设和苹果标准化生产全过程，详细了解了土壤培肥、病虫害发生规律和绿色防控设施应用情况，生产人员对绿色食品理念和标准的掌握程度较好，生产中能有效落实绿色食品生产操作规程，无绿色食品禁用投入品使用情况，有效保障了绿色食品苹果的产量和品质（图1-19）。

图 1-19　访问种植户，了解生产人员对绿色食品理念和标准的掌握情况

（四）检查生产资料

检查员来到生产资料仓库，检查肥料、植保用品的来源和库存情况（图1-20）。经检查，仓库中存放了果树专用商品有机肥，以及吡虫啉、联苯肼酯等农药，来源证明和出入库记录齐全（图1-21和图1-22），没有发现绿色食品禁用投入品。检查肥料和农药标签的名称、有效成分、作物范围、使用方法、使用时期、安全间隔期等内容，与苹果生产操作规程指导和实际生产用肥用药情况基本一致。

图 1-20　检查生产资料

天水润德沼气开发工程有限公司

销　售　单

购货单位：　　　　　　　　　　　　　　　销字第　　号

年　月　日

名　称	规　格	单位	数量	单价	金　额	备　注
有机肥						
金额（大写）	万　仟　佰　拾　元　角　分　¥：					

主管：　会计：　保管：　制单：　提货：

第四联：随货通行

图 1-21　果树专用有机肥标签和来源证明

天水昊源农艺农资入库记录

序号	产品名称	来源	入库时间	购买数量	入库人	备注
1	有机肥	天水润德沼气开发工程有限公司	2022年11月6日	2 200袋	谢志杰	
2	吡虫啉	天水康田农资有限公司	2023年4月10日	20箱	谢志杰	
3	联苯肼酯	天水康田农资有限公司	2023年4月10日	25箱	谢志杰	

图 1-22　生产资料出入库记录

（五）检查产品贮藏、包装

花牛苹果9月中下旬收获，人工采收，按大小、色度、果形进行人工分级。专车运至专用保鲜库冷藏，保鲜库采用低温措施，贮藏适温为-1～0℃，气调贮藏的适温比一般冷藏高0.5～1℃，适宜相对湿度为85%～95%（图1-23）。产品上市前，使用纸箱包装，符合绿色食品相关标准要求（图1-24）。

图 1-23　苹果保鲜库

图 1-24　检查产品包装

（六）查阅文件（记录）

检查组查阅绿色食品苹果生产相关文件（记录）（图1-25）。

生产档案中详细记录了生产资料的供应和使用，以及种植、采收、检验、仓储、运输、销售等生产操作情况，记录保存3年。企业建立了绿色食品安全生产管理制度，制定了绿色食品生产操作规程，相关制度和标准在基地内公示（图1-26）。

图 1-25 查阅文件（记录）

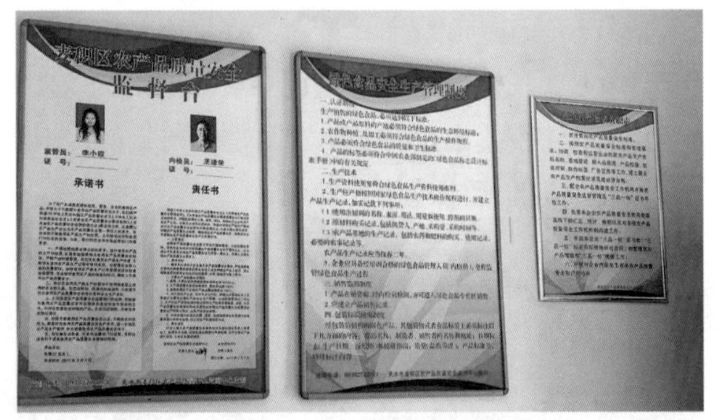

图 1-26 生产管理制度上墙

（七）总结会

会前沟通 召开总结会前，检查组内部交流了检查情况，形成了初步现场检查意见，并与该企业管理人员进行了充分沟通，对相关问题和制度标准进行了解释说明，双方达成共识。

通报结果 检查组召开总结会（图1-27）。检查组组长向申请人通报检查结果，检查组认为，经检查，申请人种植基地环境优良，生态系统多样，产地周围5千米，且主导风向的上风向20千米范围内无工矿污染源，适宜发展绿色食品。申请人各项规章制度健全，机构设置及人员分工明确，有专业技术人员指导员工按照绿色食品生产技术规范进行生产，生产过程能严格执行绿色食品相关标准，落实全程质量管理各项措施，产品质量和品质优良。生产资料符合绿色食品准则要求，无违禁投入品使用现象，各项记录齐全。综合考虑，申请人的资质条件、产地环境、生产过程、质量管理、贮藏运输等方面基本符合绿色食品标准要求，具备可持续发展绿色食品的能力。现场检查结果建议为通过。

图 1-27　召开总结会，检查组通报检查情况

问题反馈　针对生产资料仓库物品摆放混乱，使用记录不规范的问题，检查组建议申请人进一步规范投入品使用和管理，保持生产资料库环境整洁，投入品摆放整齐，同时进一步完善投入品使用记录，提高绿色食品质量管理水平。申请人对检查结果表示认同，承诺将按照检查组要求落实整改（图1-28）。

签署文件　双方签署“绿色食品现场检查会议签到表”“绿色食品现场检查发现问题汇总表”（图1-29和图1-30），现场检查意见如图1-31所示。双方合影，结束本次现场检查（图1-32）。

图 1-28　企业人员对现场检查发现问题进行签字确认，并做出整改承诺

CGFDC-JG-12/2022

绿色食品现场检查会议签到表

申请人：天水昊源农艺有限公司　　　　2023年6月16日

	姓名	职责	工作单位	首次会议	总结会
检查员	王刚	组长	[illegible]	✓	✓
	张天皓	实习检查员	[illegible]	✓	✓
	汪国锋	检查员	[illegible]	✓	✓
	姓名	**职务**	**职责**	**首次会议**	**总结会**
申请人	[illegible]	经理	[illegible]	✓	✓
	[illegible]	内检员	内部质量控制	✓	✓
	[illegible]	技术员	技术管理	✓	✓

注：请参会人员根据参会情况，在首次会议和总结会栏打“√”或打“×”。

图 1-29　绿色食品现场检查会议签到表

CGFDC-JG-13/2022

绿色食品现场检查发现问题汇总表

申 请 人	天水昊源农艺有限公司		
申请产品	花牛苹果		
检查时间	2023 年 6 月 16 日		
检查组长	王刚	检查员	汪国锋、张天皓
发现问题描述		依据	
生产记录不完善，生产资料使用记录不规范。			
生产资料库房堆放混乱。			
申请人整改措施及时限承诺： 保证一周内完成 负责人（签字）：[illegible]　　申请人（盖章）　日期：2023. 6. 16			
整改措施落实情况： 整改已完成 检查组长（签字）：[illegible]　　日期：2023. 6. 26			

注：1. 此表一式三份，中心、省级工作机构、申请人各一份。
2. 申请人应在承诺时限内将整改材料提交检查组。
3. 检查组长对整改措施落实情况判定合格后，将此表、整改材料和检查报告一并报送。
4. 现场检查意见为“合格”的可不填写该表。

图 1-30　绿色食品现场检查发现问题汇总表

现场检查意见

<table>
<tr><td>现场检查综合评价</td><td>该企业各项规章制度完善，种植基地属于自有基地，机构设置及人员分工明确，有专业技术人员指导员工按照绿色食品生产技术规范进行生产，种植过程能严格执行绿色食品相关标准及准则要求。经检查组现场检查，该企业生产资料符合绿色食品准则要求，无违禁投入品使用现象，各项记录完善、齐全，具备可持续发展绿色食品能力。该企业各项条件满足绿色食品苹果申报要求。</td></tr>
<tr><td>检查意见</td><td>☑合格
☐限期整改
☐不合格</td></tr>
<tr><td colspan="2">检查组成员签字：

2023年6月16日</td></tr>
<tr><td colspan="2">我确认检查组已按照《绿色食品现场检查通知书》的要求完成了现场检查工作，报告内容符合客观事实。
申请人法定代表人（负责人）签字：

（盖章）
2023年6月16日</td></tr>
</table>

图 1-31　现场检查意见

图 1-32　现场检查结束，双方合影

四、现场检查报告及处理

现场检查结束后，检查组根据检查情况和收集的检查证据信息，总结形成“种植产品现场检查报告”。按期检查申请人整改落实情况，检查组组长判定合格后，将整改材料连同“种植产品现场检查报告”、现场检查照片、“绿色食品现场检查会议签到表”“绿色食品现场检查发现问题汇总表”等材料一同报送甘肃省农产品质量安全检验检测中心。甘肃省农产品质量安全检验检测中心根据检查组的现场检查结论，向申请人发出“绿色食品现场检查意见通知书”（图 1-33）。相关现场检查材

CGFDC-JG-04/2022

绿色食品现场检查意见通知书

天水昊源农艺有限公司：

根据检查组的现场检查报告结论，现通知如下：

现场检查合格，请持本通知书委托绿色食品环境与产品检测机构实施检测工作。

1. 环境检测

检测项目：

☐全项免检或不涉及（标准化原料基地　续展企业环境无变化）

☑空气质量 ☐农田灌溉水 ☐渔业水 ☐畜牧养殖用水 ☐加工用水

☐食用盐原料水 ☑土壤环境质量 ☑土壤肥力 ☐食用菌栽培基质

2. 产品检测

☑请按照国家标准 GB 2763-2019 检测 花牛苹果 产品

☑请按照绿色食品标准 NY/T 393-2020 检测 花牛苹果产品

☐有符合要求的抽检报告（续展）免测 ＿＿＿＿＿ 产品

现场检查不合格，本生产周期内不再受理你单位的申请。

原因：

负责人（签字）：王进禾　　工作机构（盖章）

2023 年 6 月 16 日

注：该通知书省级工作机构、地市县级工作机构和申请人各　份

图 1-33　绿色食品现场检查意见通知书

料整理归档，工作机构和申请人各自留存。

五、绿色食品苹果现场检查案例分析

我国是世界苹果生产第一大国，2022年全国苹果种植面积约为3 132万亩，总产量4 597.34万吨。苹果产业是富民产业，苹果种植区的多数县域把推进苹果产业高质量发展作为实现乡村振兴的产业基础。甘肃具有北方水果栽培得天独厚的自然气候条件和竞争优势，是我国苹果生产大省，有18个全国苹果优势区域生产重点县，生产的苹果以着色鲜艳、果面光洁、外形美观、肉质细脆、汁多味美、安全营养、极耐贮运而驰名，畅销国内外市场。苹果产业是甘肃省六大优势特色产业之一，已成为产区的富民产业和支柱产业，在发展特色农业和推进乡村振兴中的作用越来越突出。据统计，2022年全省苹果生产面积665万亩，与2021年基本持平，产量720万吨，比2021年增加35万吨，增幅5%以上。甘肃省苹果面积和产量分别占全省水果的78%和83%，苹果全产业链综合产值510亿元，比2021年增加45亿元。其中，18个优势区域生产重点县苹果生产面积570万亩，占全省果品生产总面积的86%；产量650万吨，综合产值490亿元，分别占全省果品总产量、总产值的90%和96%，苹果生产不断向优势产区聚集。

（一）绿色食品苹果现场检查须重点关注的内容和建议

现场检查时间 现场检查时间的选择是影响现场检查效果的重要因素。绿色食品苹果现场检查时间宜安排在6—9月，在果实生长达到适宜成熟度时进行，处于果实生长期的果树，有利于检查员观察果树长势，查看到病虫害为害程度，核实用肥用药情况，准确评估产品品质和产量。不同品种的苹果成熟期略有差异，如金帅苹果（青苹果）7月开始成熟，嘎啦苹果8月成熟，元帅系列苹果在9月中下旬成熟，花牛苹果的成熟期较长，可以从8月下旬一直采收到10月初，红富士苹果在10月中下旬至11月上旬成熟。

基地环境检查 良好的环境条件是绿色食品苹果生产的重要前提。苹果喜冷凉干燥，要求年平均气温7～14℃，年降水量500～1 000毫米，苹果生产基地首先应选择气候条件适宜、产地环境清洁的区域。除自然条件等先决条件之外，园区的整体环境、隔离防护、可持续发展等要求也是现场检查重点应关注的内容。本案例中，申请人以保持和优化农业生态系统为基础，结合苹果生产的特点，合理利用农业资源，主要采用创造有利于天敌生存环境、提高生物多样性、维护生态系统平衡、保持田园清洁等措施，有效防控病虫害滋生，为果树健康生长创造良好环境条件，不仅达到了NY/T 391—2021《绿色食品　产地环境质量》要求，而且最大限度减少化学农药等外来物质对环境的影响，充分体现了绿色食品发展的理念，达到了清洁生产、生态保护、可持续发展的长远目标，实现了经济效益、社会效益和生态效益的统一。

土壤培肥检查 在苹果栽培管理过程中，根据作物长势特点和需肥规律科学施肥，对保持树体健康、增强对病虫害的抵抗力、提高产量和品质至关重要。在绿色食品苹果检查时，应重点关注树体健康和长势，了解土壤肥力状况，肥料来源、种类、施用方法与用量，堆肥方式是否存在风险隐患，从而了解不同生长阶段养分含量是否满足作物生长需求。重点把握化肥的施用，化肥应与有机肥配合施用，无机氮素用量不得高于当季作物需求量的一半，综合评价肥料施用情况是否复合NY/T 394—2021《绿色食品　肥料使用准则》要求。中熟苹果采收后至晚熟苹果采收前（一般在9—10月）秋梢停长后，施足基肥。基肥以有机肥为主，化肥为辅，有机肥与化肥搭配施用。有机肥选用腐熟鸡粪、猪粪、牛粪、羊粪、兔粪等厩肥或其他有机肥料；化肥选用磷酸二铵，也可用过磷酸钙、钙镁磷肥，严格控制纯氮施用量。盛果期的苹果树要及时追肥，补充树体的营养，最后一次叶面喷肥应在距果实采收期20天以前进行。

植保措施检查　苹果的常见病虫害有腐烂病、干腐病、枝干轮纹病、斑点落叶病、红蜘蛛、蚜虫类、卷叶虫类等。在绿色食品苹果现场检查过程中，应贯彻NY/T 393—2021《绿色食品　农药使用准则》中有害生物防治的基本原则，采用“预防为主、绿色防控”的植保方针，加强农业措施、物理措施、生物措施的综合应用，压低病虫基数，尽量减少化学农药使用。对于苹果晚熟品种，可在检查时重点注意观察有无坏果，8—9月及时摘除轮纹病、炭疽病和食心虫为害果，并集中深埋。要结合苹果不同生育期的病虫害发生规律，严格检查绿色食品禁用农药和农药超范围使用情况，有针对性地检查防控措施以及农药使用的科学性和有效性，在采收前重点检查农药安全间隔期，减少农药残留。

真实性、合规性检查　一次现场检查不可能亲眼看见所有的生产过程，这就需要重视对申请人的农事操作记录、投入品使用记录等相关生产记录检查，应要求申请人提供真实、完整、详细、规范的生产记录，重点检查投入品来源、种类，以及在整个作物生育期和生产全过程中投入品使用情况和生产操作规程落实情况，评估申请人的质量追溯能力。要重视随机访问，重点了解投入品在生产各环节使用的必要性和使用方法，同时，检查投入品仓库中投入品的标签，园区地块是否有投入品使用痕迹等，注重信息与实证的相互印证，加强跟踪检查，综合评判投入品使用的真实性、合规性以及落实绿色食品标准化生产的能力和水平。

（二）当地苹果生产的常见问题

农药喷雾对土壤的影响　采用大容量农药喷雾方式，有利于使药液均匀分布在果树上，但由于雾滴大，雾化性能差，使用这种喷药方法，70%～80%的药液洒落在土壤、空气、地下水中，造成土壤的孔隙度变小、结构板结，土壤酸化现象异常明显。

反光膜造成污染 铺设反光膜技术已经在全国各主要果区得到大量推广应用，但反光膜用后丢弃在果园内或其周围，加之地面上还有未及时清理的烂苹果、落叶和修剪后的枝条，会使整个果园看起来像一个垃圾场，造成“视觉污染”。同时，由于反光膜的主要成分是塑料，自然降解能力很差，如果埋到土里，容易对土壤造成二次污染。

套袋引发果实质量问题 套袋栽培时往往存在技术操作不规范、不到位，导致套袋果实频发质量问题，尤为突出的问题之一是套袋果实生理病害日趋严重，因套袋引发的黑点病、红点病、苦痘病、痘斑病、裂纹病、煤污病、日灼病等果实病害每年都有不同程度发生。

（三）加强绿色食品苹果标准化生产和全程质量控制的对策措施

加快提升标准化生产基地水平 一是在集中连片度较高果园，整合建设一批规模化标准化基地，探索完善利益联结机制，采取多种形式，打造以专业化、集约化、标准化、机械化为标志的苹果规模化生产经营模式。二是加快优化品种结构，适度增加早中熟品种和加工型品种比例，错峰上市。三是改善果园条件，在规模化基地配套水电路、机械等基础设施，加快创建一批高标准示范园。四是健全良种苗木繁育体系，实现苗木生产经营规范化、标准化、商业化。

推进老果园改造优化与防灾减灾设施建设 一是加快郁闭低效果园改造，主推间伐、改形技术，改善通风光照条件，方便田间管理和机械化作业。对品种落后、不能适销对路的老果园及时嫁接更新品种。二是推广增施有机肥、肥水一体化、枝叶还田、果园生草、覆盖保墒及下垂枝结果等技术，改善果园生产环境。三是加强果园花期前后晚霜冻害和夏秋冰雹两大自然灾害防控，推广使用果园防霜机和防雹网。

主推现代轻简化机械化栽培管理技术　一是大力推广现代矮砧宽行密植集约栽培模式，采用3年生矮砧大苗建园，实现第二年挂果、第五年丰产。二是推行免套袋栽培及配套技术，降低劳动力成本。三是加快推广应用果园机械和肥水一体化设施，集成推广信息化、自动化与智能控制等高新技术。四是积极推广绿色生态果园模式，推进化肥农药“双减”，完善农业生产资料市场准入和产地果品准出管理机制，实现从生产到消费的全过程监管。

供稿　甘肃省农产品质量安全检验检测中心（甘肃省绿色食品办公室）　王刚

甘肃省经济作物技术推广站（甘肃省果业办公室）
李国梁

附件　种植产品现场检查报告（节选）

附件　种植产品现场检查报告（节选）

CGFDC-JG-06/2022

种植产品现场检查报告

<table>
<tr><td colspan="2">申请人</td><td colspan="5">天水昊源农艺有限公司</td></tr>
<tr><td colspan="2">申请类型</td><td colspan="5">☑初次申请　□续展申请　□增报申请</td></tr>
<tr><td colspan="2">申请产品</td><td colspan="5">花牛苹果</td></tr>
<tr><td colspan="2">检查组派出单位</td><td colspan="5">甘肃省绿色食品办公室、麦积区农产品质量安全监测中心</td></tr>
<tr><td rowspan="5">检查组</td><td rowspan="2">分工</td><td rowspan="2">姓名</td><td rowspan="2">工作单位</td><td colspan="3">注册专业</td></tr>
<tr><td>种植</td><td>养殖</td><td>加工</td></tr>
<tr><td>组长</td><td>王刚</td><td>甘肃省农产品质量安全检验检测中心</td><td>√</td><td>√</td><td>√</td></tr>
<tr><td rowspan="2">成员</td><td>汪国锋</td><td>天水市麦积区农产品质量安全监测中心</td><td>√</td><td>√</td><td>√</td></tr>
<tr><td>张天皓</td><td>甘肃省农产品质量安全检验检测中心</td><td></td><td></td><td></td></tr>
<tr><td colspan="2">检查日期</td><td colspan="5">2023年6月16日</td></tr>
</table>

中国绿色食品发展中心

注：标 ※ 内容应具体描述，其他内容做判断评价。

一、基本情况

序号	检查项目	检查内容	检查情况
1	基本情况	申请人的基本情况与申请书内容是否一致?	申请人基本情况与申请书中填写内容一致
		申请人的营业执照、商标注册证、土地权属证明等资质证明文件是否合法、齐全、真实?	申请人营业执照、土地权属证明等资质证明文件合法、齐全、真实
		是否在国家农产品质量安全追溯管理信息平台完成注册?	是,已完成国家农产品质量安全追溯管理信息平台注册
		申请前三年或用标周期(续展)内是否有质量安全事故和不诚信记录?	否
		※简述绿色食品生产管理负责人姓名、职务	王进荣,法定代表人,负责企业生产管理等各项事务
		※简述内检员姓名、职务	谢想平,企业内检员,负责果品品质管理,进出货检查验收
2	种植基地及产品情况	※简述基地位置(具体到村)、面积	基地位置:天水市麦积区石佛镇杨庄村。基地总面积:2 200亩
		※简述种植产品名称、面积	产品名称:花牛苹果。种植面积:1 500亩
		基地分布图、地块分布图与实际情况是否一致?	基地分布图、地块图与实际相符
		※简述生产组织形式[自有基地、基地入股型合作社、流转土地、公司+合作社(农户)、全国绿色食品原料标准化生产基地]	公司与当地村民签订了土地流转协议,基地属于自有基地
		种植基地/农户/社员/内控组织清单是否真实有效?	公司员工种植,有相关内控组织
		种植合同(协议)及购销凭证是否真实有效?	相关协议、购销凭证真实、有效

二、质量管理体系

3	质量控制规范	质量控制规范是否健全？（应包括人员管理、投入品供应与管理、种植过程管理、产品采后管理、仓储运输管理、培训、档案记录管理等）	种植基地管理制度健全。有人员管理、生产资料购买使用管理、种植管理、采收管理、仓储运输管理、培训等制度
		是否涵盖了绿色食品生产的管理要求？	有绿色食品生产管理制度
		种植基地管理制度在生产中是否能够有效落实？相关制度和标准是否在基地内公示？	种植基地管理制度在生产中能够有效落实，相关制度和标准已在基地内公示
		是否有绿色食品标志使用管理制度？	有绿色食品标志使用管理制度
		是否存在非绿色产品生产？是否建立区分管理制度？	基地全部种植果树，均申报绿色食品，不存在平行生产
4	生产操作规程	是否包括种子种苗处理、土壤培肥、病虫害防治、灌溉、收获、初加工、产品包装、储藏、运输等内容？	有种苗处理、病虫害防治、包装、运输等内容
		是否科学、可行，符合生产实际和绿色食品标准要求？	符合绿色食品标准要求
		是否上墙或在醒目位置公示？	基地设有标识牌

5	产品质量追溯	是否有产品内检制度和内检记录？	有相关制度和记录
		是否有产品检验报告或质量抽检报告？	有相关检测报告
		※是否建立了产品质量追溯体系？描述其主要内容	是，企业在天水市麦积区农产品质量安全信息平台可追溯产品质量
		是否保存了能追溯生产全过程的上一生产周期或用标周期（续展）的生产记录？	保存了3年内的生产记录
		记录中是否有绿色食品禁用的投入品？	未见绿色食品禁用投入品
		是否具有组织管理绿色食品产品生产和承担责任追溯的能力？	具有组织管理和追溯能力

三、产地环境质量

6	产地环境	※简述地理位置、地形地貌	地理位置：天水市麦积区石佛镇杨庄村。地形地貌：山地
		※简述年积温、年均降水量、日照时数等	年有效积温3 000℃，年均降水量500毫米，全年日照时数2 900小时
		※简述当地主要植被及生物资源等	产地周围生长松树、柏树、洋槐树、白杨树、柳树等针叶或阔叶林木；山林中有野鸡、野兔等野生动物
		※简述农业种植结构	区域内种植花牛苹果、华红苹果、富士苹果，均为绿色食品
		※简述生态环境保护措施	生态环境良好，远离城镇，无工矿企业

6	产地环境	产地是否距离公路、铁路、生活区50米以上，距离工矿企业1千米以上？	远离公路、铁路、生活区，无工矿企业
		产地是否远离污染源，配备切断有毒有害物进入产地的措施？	周边均为其他农作物，无任何污染源
		是否建立生物栖息地，保护基因多样性、物种多样性和生态系统多样性，以维持生态平衡？	自然生态环境保护良好，能够维持生态平衡
		是否能保证产地具有可持续生产能力，不对环境或周边其他生物产生污染？	基地具有可持续生产能力，未对周边产生污染
		绿色食品与非绿色生产区域之间是否有缓冲带或物理屏障？	有天然沟壑作为缓冲带
7	灌溉水源	※简述灌溉水来源	自然降水
		※简述灌溉方式	自然降水
		是否有引起灌溉水受污染的污染物及其来源？	否
8	环境检测项目	空气	□检测
			☑符合NY/T 1054免测要求
			□提供了符合要求的环境背景值
			□续展产地环境未发生变化，免测
		土壤	☑检测
			□符合NY/T 1054免测要求
			□提供了符合要求的环境背景值
			□续展产地环境未发生变化，免测

8	环境检测项目	灌溉水	□检测
			☑符合NY/T 1054免测要求
			□提供了符合要求的环境背景值
			□续展产地环境未发生变化，免测

四、种子（种苗）

9	种子（种苗）来源	※简述品种及来源	花牛苹果，当地自行繁育
		外购种子（种苗）是否有标签和购买凭证?	/
10	种子（种苗）处理	※简述处理方式	栽植时苗木根系蘸泥浆
		※是否包衣？简述包衣剂种类、用量	/
		※简述处理药剂的有效成分、用量、用法	/
11	播种/育苗	※简述土壤消毒方法	/
		※简述营养土配制方法	/
		※简述药土配制方法	/

五、作物栽培与土壤培肥

12	作物栽培	※简述栽培类型（露地/设施等）	露地栽培
		※简述作物轮作、间作、套作情况	多年生作物，不轮作
13	土壤肥力与改良	※简述土壤类型、肥力状况	土壤为黄绵土，土壤肥力良好
		※简述土壤肥力保持措施	增施有机肥，补充氮、磷、钾等元素
		※简述土壤障碍因素	/
		※简述使用土壤调理剂名称、成分和使用方法	/

14	肥料使用	是否施用添加稀土元素的肥料？	未添加稀土元素肥料
		是否施用成分不明确的、含有安全隐患成分的肥料？	否
		是否施用未经发酵腐熟的人畜粪尿？	否
		是否施用生活垃圾、污泥和含有害物质（如毒气、病原微生物、重金属等）的工业垃圾？	未施用生活垃圾、污泥和工业垃圾等
		是否使用国家法律法规不得使用的肥料？	未使用
15	农家肥料	是否秸秆还田？	否
		※是否种植绿肥？简述种类及亩产量	否
		※是否堆肥？简述来源、堆制方法（时间、场所、温度）、亩施用量	堆肥，腐熟农家肥，3 000千克/亩
		※简述其他农家肥料的种类、来源及亩施用量	盛果期苹果园一般施3 000千克/亩
16	商品有机肥	※简述有机肥的种类、来源及亩施用量，有机质、N、P、K等主要成分含量	商品有机肥，1 500千克/亩，有机质含量45%，N含量2.5%，P_2O_5含量1.5%，K_2O含量1%
17	微生物肥料	※简述种类、来源及亩施用量	/
18	有机—无机复混肥料、无机肥料	※简述每种肥料的种类、来源及亩施用量，有机质、N、P、K等主要成分含量	复合肥，亩施50千克，N、P、K含量均为18%
19	氮素用量	※申请产品当季实际无机氮素用量（千克/亩）	9千克/亩
		※当季同种作物氮素需求量（千克/亩）	18千克/亩

20	肥料使用记录	是否有肥料使用记录？（包括地块、作物名称与品种、施用日期、肥料名称、施用量、施用方法和施用人员等）	有记录。基肥一般在9—10月施用，氮磷钾复合肥，30千克/亩；盛果期，追施氮磷钾复合肥，20千克/亩

六、病虫草害防治

21	病虫草害发生情况	※简述本年度发生的病虫草害名称及危害程度	常见虫害：蚜虫、潜叶蛾。常见病害：早期落叶病。危害程度较轻
22	农业防治	※简述具体措施及防治效果	加强冬季清园和消毒工作，改善苹果园生态环境，防治病虫草害
23	物理防治	※简述具体措施及防治效果	采用荧光灯诱杀、彩色粘虫板等措施
24	生物防治	※简述具体措施及防治效果	采用果园生草的方法
25	农药使用	※简述通用名、防治对象	使用代森锰锌、吡虫啉、灭幼脲分别防治早期落叶病、蚜虫、潜叶蛾
		是否获得国家农药登记许可？	是
		农药种类是否符合NY/T 393要求？	符合NY/T 393《绿色食品农药使用准则》要求
		是否按农药标签规定使用范围、使用方法合理使用？	按照农药登记使用范围合理使用
		※简述使用NY/T 393表A.1规定的其他不属于国家农药登记管理范围的物质（物质名称、防治对象）	/

26	农药使用记录	是否有农药使用记录？（包括地块、作物名称和品种、使用日期、药名、使用方法、使用量和施用人员）	5月中上旬，用70%代森锰锌可湿性粉剂600倍液喷雾，防治落叶病；蚜虫盛期，每亩用70%吡虫啉水分散粒剂2～3克兑水30～45千克喷雾，防治蚜虫；低龄幼虫期，用20%灭幼脲悬浮剂1 200倍液喷雾，防治潜叶蛾

七、采后处理

27	收获	※简述作物收获时间、方式	9月中下旬收获，人工采收
		是否有收获记录?	有采收记录
28	初加工	※简述作物收获后初加工处理（清理、晾晒、分级等）？	按大小、色度、果型人工分级
		是否打蜡？是否使用化学药剂？成分是否符合GB 2760、NY/T 393等标准要求？	不打蜡、不使用化学药剂
		※简述加工厂所地址、面积、周边环境	/
		※简述厂区卫生制度及实施情况	/
		※简述加工流程	/
		※是否清洗? 简述清洗用水的来源	/
		※简述加工设备及清洁方法	/
		※加工设备是否同时用于绿色和非绿色产品? 如何防止混杂和污染?	/
		※简述清洁剂、消毒剂种类和使用方法, 如何避免对产品产生污染?	/

八、包装与储运

29	包装材料	※简述包装材料、来源	纸箱包装，统一印刷
		※简述周转箱材料，是否清洁？	周转箱为塑料专用箱，使用前清水冲洗
		包装材料选用是否符合NY/T 658标准要求？	符合绿色食品相关标准要求
		是否使用聚氯乙烯塑料？直接接触绿色食品的塑料包装材料和制品是否符合以下要求：未含有邻苯二甲酸酯、丙烯腈和双酚A类物质；未使用回收再用料等	未使用
		纸质、金属、玻璃、陶瓷类包装性能是否符合NY/T 658标准要求	符合绿色食品包装要求
		油墨、贴标签的黏合剂等是否无毒？是否直接接触食品？	是
		是否可重复使用、回收利用或可降解？	纸箱可回收。周转箱清洗后可重复使用
30	标志与标识	是否提供了含有绿色食品标志的包装标签或设计样张？（非预包装食品不必提供）	是
		包装标签标识及标识内容是否符合GB 7718、NY/T 658等标准要求？	提供了包装设计样稿，符合标准要求
		绿色食品标志设计是否符合《中国绿色食品商标标志设计使用规范手册》要求？	符合绿色食品包装设计规范要求
		包装标签中生产商、商品名、注册商标等信息是否与上一周期绿色食品标志使用证书中一致？（续展）	/

31	生产资料仓库	是否与产品分开储藏？	绿色食品产品专库专用
		※简述卫生管理制度及执行情况	卫生管理制度在库房醒目处悬挂，库房卫生状况良好
		绿色食品与非绿色食品使用的生产资料是否分区储藏，区别管理？	该基地全部为绿色食品产品
		※是否储存了绿色食品生产禁用物？禁用物如何管理？	否
		出入库记录和领用记录是否与投入品使用记录一致？	是
32	产品储藏仓库	周围环境是否卫生、清洁，远离污染源？	周边环境卫生状况好，无污染源
		※简述仓库内卫生管理制度及执行情况	卫生管理制度在库房醒目处悬挂，库房卫生状况良好
		※简述储藏设备及储藏条件，是否满足产品温度、湿度、通风等储藏要求？	贮藏适温为-1～0℃，气调贮藏的适温比一般冷藏高0.5～1℃。适宜相对湿度为85%～95%
		※简述堆放方式，是否会对产品质量造成影响？	重叠堆放，最高5层，不会对产品质量造成影响
		是否与有毒、有害、有异味、易污染物品同库存放？	否
		※简述与同类非绿色食品产品一起储藏的如何防混、防污、隔离	全部为绿色食品产品
		※简述防虫、防鼠、防潮措施，说明使用的药剂种类和使用方法是否符合NY/T 393规定	保鲜库采用低温措施，符合绿色食品相关标准要求
		是否有储藏管理记录？	有完整的储藏记录
		是否有产品出入库记录？	有详细的出入库记录

33	运输管理	※简述采用何种运输工具	专用汽车运输
		※简述保鲜措施	气调保鲜库存放
		是否与化肥、农药等化学物品及其他任何有害、有毒、有气味的物品一起运输?	否
		铺垫物、遮垫物是否清洁、无毒、无害?	铺垫物无毒、无害
		运输工具是否同时用于绿色食品和非绿色食品？如何防止混杂和污染?	专车专用
		※简述运输工具清洁措施	清水冲洗
		是否有运输过程记录?	有详细运输记录

九、废弃物处理及环境保护措施

34	废弃物处理	污水、农药包装袋、垃圾等废弃物是否及时处理?	按照相关标准要求及时回收处理
		废弃物存放、处理、排放是否对食品生产区域及周边环境造成污染?	否
35	环境保护	※如果造成污染，采取了哪些保护措施?	/

十、绿色食品标志使用情况（仅适用于续展）

（略）

十一、收获统计

※作物名称	※种植面积（万亩）	※茬/年	※预计年收获量（吨）
花牛苹果	0.15	1	3 750

绿色食品草莓现场检查案例分析

——以北京万德园农业科技发展有限公司为例

一、案例介绍

北京万德园农业科技发展有限公司（以下简称万德园公司）成立于2009年，总投资规模5 500万元，致力于优质草莓种苗繁育推广、高品质草莓鲜果生产，以及现代化农业技术的开发、推广和服务。万德园公司总部位于北京市昌平区小汤山，是北京科技城小汤山现代化农业科技示范园的入园企业，并于2011年7月获得农业部优质农产品开发服务中心颁发的“中国良好农业规范认证”证书；2014年10月获得中国绿色食品中心颁发的“绿色食品”证书，获得2022年北京冬奥会和冬残奥会的草莓唯一服务商资格。万德园公司目前草莓苗生产用地近400亩，建有现代化智能连栋温室19 000米^2、育苗温室大棚320栋、日光温室50栋、种苗恒温库1座，并拥有完善的种苗检验、检测、加工等质量监管系统。万德园公司现在拥有3个草莓种植基地，包括北京昌平基地、河北尚义基地、内蒙古自治区阿鲁科尔沁旗基地，每年可生产草莓苗1 300余万株，草莓鲜果90余吨。

二、现场检查准备

（一）检查人员

北京市农产品质量安全中心委派两名资深的种植业检查员——

郝建强和李浩组成检查组，同时邀请了对草莓栽培具有丰富经验的专家——路河老师对本次现场检查工作予以技术指导。路河老师从事草莓栽培近20年时间，推广草莓种植技术，深受当地广大草莓种植户的信任。

（二）检查日期

草莓的生长期较长，高风险期也较长，11月至翌年3月都是比较适宜的检查时间。与申请人沟通后，检查组定在2023年3月15日到企业开展现场检查，并提前3个工作日向申请人发送“绿色食品现场检查通知书”。

（三）检查要求

生产主体主要负责人、生产负责人、质量控制负责人应该参加首次会议和总结会。此外，生产主体应当准备好生产记录、投入品出入库记录、采收记录、销售记录、相关票据以及公章等。

（四）检查内容

检查组仔细阅读了企业申报材料，了解了企业生产产品、生产地址、企业法人、面积产量等关键信息，特别关注了企业投入品的使用情况，掌握了企业选择使用的肥料及农药种类。如果材料存在风险点或可疑的情况要在现场检查过程中进行核实。万德草莓申报材料中，有机肥使用内蒙古自治区锡林浩特市鑫源肥料厂的羊粪，后期追施磷酸二氢钾、“海状元”大量元素水溶肥、“圣诞树”水溶肥等肥料，化学肥料中的氮素量是否超过作物氮素需求量的一半是现场核实的重点；农药使用方面，预防为主，用药的种类较多，比较贴合实际生产，需要重点检查是否使用其他农药、农药的使用剂量以及所用农药的登记作物是否包括草莓。

三、现场检查实施

现场检查过程，检查组严格遵照《绿色食品现场检查工作规范》的相关要求，认真仔细检查每个生产环节，充分了解产品的生产特点、企业管理模式、投入品管控过程、产品品质等内容，并做好检查记录，留存检查证据。

（一）环境调查

万德园公司有围墙与周边的建筑隔开，是一个相对独立的环境，周边无工矿企业，远离城区主要交通干线，整体环境质量好。基地内设置道路隔离带，绿色食品草莓在日光温室内种植，对外界环境依赖度较低，空气应予以免测（图2-1）。

图 2-1　基地环境和隔离带

（二）首次会议

万德园公司负责人及技术员参加了首次会议（图2-2）。会议负责人介绍了公司的基本情况、公司管理制度、生产技术、投入品管控、废弃物处理、未来发展计划等方面内容，检查员对材料以及汇报中的问题进行了询问，重点了解了投入品的使用及管理情况、

图 2-2　首次会议

草莓种植过程中常见病虫害的防控、草莓种植的关键技术难点、绿色食品标准在园区的痕迹等。

检查组与万德园公司的负责人进行了交流，了解了其对于绿色食品的看法以及对绿色食品的意见建议，负责人对绿色食品的理念非常认可，表示公司会严格按照绿色食品标准进行生产，绝不弄虚作假，在农药使用上，严格按照NY/T 393—2020《绿色食品　农药使用准则》的要求选购药品，在肥料的使用上，多年来一直坚持使用产自内蒙古自治区的优质有机肥。该公司负责人对绿色食品事业的认可至关重要，只有生产者真正想按照绿色食品标准进行生产，才能把绿色食品标准落到实处。

（三）实地检查

草莓生产基地位于北京市昌平区小汤山镇及河北省尚义县红土梁镇，基地面积约159亩，种植的主要草莓品种是隋珠。隋珠草莓的特点是果粒大，单果重可达50～60克，果肉白色至淡黄色，细润绵甜，甜度高，维生素C含量可达0.71毫克/克，入口清爽怡人，带有香气，浓郁的草莓香味久久留于齿唇之间，有“草莓帝王”的美誉，一直受到消费者的喜爱。销售主要以采摘、礼品包装和简易包装为主，采摘与礼品包装各占近1/3，其余近20 000千克产品做简易包装，由社区和企业订购，也有部分零售，平均售价可以达到160元/千克。

实地检查过程中，检查组注意到园区整体的环境非常好，干净整洁，未发现废弃的投入品标签。基地内设置绿色食品宣传栏，绿色食品标准和生产操作规程上墙（图2-3）。检查组了解到，草莓肥料主要为羊粪、麻渣、鱼粉、豆粕、磷酸二氢钾、微量元素水溶肥等，经核算，无机氮素用量不超过作物氮素需求量的一半（图2-4）。草莓主要病虫害为灰霉病和红蜘蛛，基地主要防治措施包括：从铺地膜开始释放智利小绥螨，并且可用联苯肼酯防控红蜘蛛；枯草芽孢杆菌、嘧菌酯防治灰霉病等，个别植株发病及时拔除，硫黄熏蒸。所用到的药品在草莓上均进行了登记。检查组现场查看了产品的种植情况以及植株健康程度，草莓植株均比较健康，并未染病，健康的植株抗病性较强，用药会相应较少（图2-5）。生产资料库房干净整洁，物品摆放整齐，悬挂绿色食品标准（图2-6）。种植棚室、药品库房、投入品库存的情况与材料中申报的内容一致。包装间干净整洁，产品规范使用绿色食品标志（图2-7）。

图 2-3　园区环境干净整洁，设置绿色食品宣传栏，操作规程上墙

图 2-4　检查施用的肥料

图 2-5　检查草莓生长情况，植株长势良好，病虫害很少发生

图 2-6　检查生产资料库房，环境干净整洁，墙上悬挂绿色食品标准

图 2-7　检查产品包装，绿色食品标识规范

（四）随机访问

检查组随机与基地内工作人员进行交流，了解到基地对投入品的使用及管理均非常严格，工作人员对绿色食品标准较为了解，近期无病虫草害发生。随机访问周边农户，了解了本地区草莓种植常用的药品及肥料、近期草莓发生的病虫草害等情况。

（五）查阅文件（记录）

查阅种植周期内基地采购肥料和农药的相关票据、清单，肥料和农药的出入库记录；草莓的生产记录、出入库记录和销售记录等相关记录（图2-8）。农药和肥料出入库记录与生产记录能够相互印证，农药和肥料出入库记录与库房中现存农药一致，农药使用剂量符合要求；草莓出入库记录与销售记录能够对应。

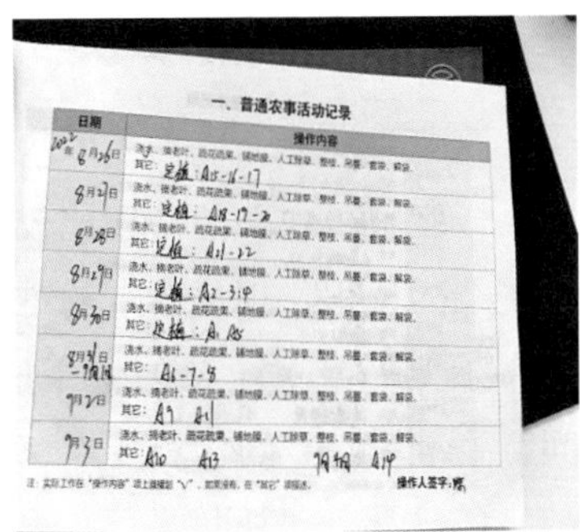

一、普通农事活动记录

日期	操作内容
2022年8月26日	浇水、摘老叶、疏花疏果、铺地膜、人工除草、整枝、吊蔓、套袋、解袋。 其它：定植：A15-16-17
8月27日	浇水、摘老叶、疏花疏果、铺地膜、人工除草、整枝、吊蔓、套袋、解袋。 其它：定植：A18-19-20
8月28日	浇水、摘老叶、疏花疏果、铺地膜、人工除草、整枝、吊蔓、套袋、解袋。 其它：定植：A21-22
8月29日	浇水、摘老叶、疏花疏果、铺地膜、人工除草、整枝、吊蔓、套袋、解袋。 其它：定植：A2-3-4
8月30日	浇水、摘老叶、疏花疏果、铺地膜、人工除草、整枝、吊蔓、套袋、解袋。 其它：定植：A1 A5
8月31日-9月1日	浇水、摘老叶、疏花疏果、铺地膜、人工除草、整枝、吊蔓、套袋、解袋。 其它：A6-7-8
9月2日	浇水、摘老叶、疏花疏果、铺地膜、人工除草、整枝、吊蔓、套袋、解袋。 其它：A9 A11
9月3日	浇水、摘老叶、疏花疏果、铺地膜、人工除草、整枝、吊蔓、套袋、解袋。 其它：A10 A13 9月4日 A14

注：实际工作在“操作内容”项上做标记“√”，如实没有，在“其它”项描述。　操作人签字：

图 2-8　核查生产记录

（六）风险评估和总结会

检查组与申请人交流环境调查、首次会议、实地检查、随机访问、查阅文件（记录）的情况，对照绿色食品标准，综合评估现场检查总体情况和企业生产条件是否达到绿色食品要求。检查组认为该企业周边环境良好，周边有围墙作为隔离带，产品有棚膜保护，受到周边环境中有毒有害物质污染的可能性较低，各类记录能够相互印证，且未发现绿色食品禁用药品，药品在草莓上进行了登记，使用剂量合理。实地检查中发现药品与记录及申报材料一致，草莓植株长势良好。向工作人员了解了相关情况，与记录一致。各个库房均挂有绿色食品标准宣传挂板。绿色食品标志使用规范。综合判断，企业风险等级较低。召开总结会，通报现场检查结论为合格（图2-9）。

图 2-9　总结会

四、绿色食品草莓现场检查案例分析

草莓是深受人们喜爱的水果，生长期较长，生产技术难度相对较高，肥料、农药的使用比较频繁，绿色食品草莓的生产是相对比较复杂的过程，现场检查的难度较大，检查申报草莓的绿色食品企业必须要做到对草莓的生产过程有大致的了解。合理安排检查时间，找准风险点与检查要点，完成现场检查工作任务。

（一）检查时间

草莓的生长期较长，昌平地区草莓一般7—8月育苗，同时，对棚体进行消毒，8月底或者9月初定植，定植之前一个月至半个月施用基肥，11月上旬进入花期，11月底或12月初头茬果成熟，果期一直持续到翌年5月。花期和果期是用药、追肥较为频繁的时期，因此较为适宜的检查时间是11月至翌年4月。

（二）现场检查安排

聘请草莓领域的专家 有丰富实践经验的专家对检查工作的帮助很大，他们可以对企业的生产操作规程是否合理、生产技术是否过硬给出专业的判断，还可以给予企业一些生产技术上的指导。从企业的角度讲，企业非常愿意接受技术性的指导，会对检查组更加认可。

企业负责人必须在场 绿色食品标准是否能在企业内部落地的关键在于企业负责人是否了解绿色食品，是否愿意按照绿色食品标准进行生产。虽然绿色食品内检员可以在企业内部进行自检，但最终的决策权还是掌握在负责人手中。现场检查也是基地负责人学习绿色食品标准的一个重要机会。

准备好相关材料 绿色食品检查员必须对企业的申报材料做到心中有数，同时给予企业一定时间，准备好相关记录、票据、公章等检查可能用到的材料或工具。

（三）现场检查要点

一致性检查 检查组在现场看到的都是企业想让检查组看到的，检查组的检查必须认真细致，注意核对生产记录的一致性，现场较为常用的检查方法是对照出入库记录与生产记录仔细核查细节，例如，某种农药在某月某日出库，在同一时间或之后几天，相应的棚室生产记录中也出现了此农药的使用记录，那么这个记录的真实性更强一些。一致性检查涉及方方面面，不仅仅是生产记录要一致。负责人的介绍与工作人员的介绍、库房剩余农药与记录文件等方面也适用一致性检查，在现场检查过程中，检查组必须多渠道收集信息，才能了解到更加真实的生产情况。

注重随机访问 随机访问是现场检查中比较容易被忽视的一个环节，在现场检查过程中，随机访问是比较容易获得真实信息的一种方式，但是要注意，基层工作人员了解的信息有时候会比较片面，检查组可以增加随机访问的人数，尽可能收集相关信息。

厘清草莓产品申报的风险点 当地草莓种植技术大同小异，检查组可以根据掌握的情况，分析产品的风险点。一是当地一些农户在进行土壤消毒时会使用氯化苦，不符合绿色食品要求，可以重点查看检查对象如何进行土壤消毒。本案例中，使用生石灰消毒土壤，符合绿色食品标准要求。二是草莓种植周期长，追肥较多，须核算无机氮素用量与有机氮素用量。三是草莓比较容易感染病害，使用药品较多，注意查看所用药剂是否在草莓上登记，目前，大部分生产者还是按照经验用药，严格按照规定用药的习惯还需要培养。

（四）当地草莓生产常见问题

园区环境较差 现场检查过程中发现，一些小的生产主体往往对园区环境整洁不重视，可以在园区发现一些随意丢弃的废弃物。整洁的园区环境对现场检查合格非常重要，环境较差虽然不是现场检查的一票否决项，但是能够很大程度上影响检查员的主观感受，也能够反映基地的管理存在一定问题，影响检查员对基地的整体评价。

使用的药品未在草莓上登记 除了土壤消毒剂之外，草莓生产会用到比较多的药品，很难保证所有的药品均在草莓上进行了登记。目前，一般生产者还没有按照农药登记管理条例进行生产的习惯，容易出现一些药品未在作物上登记的情况。

企业承接一些科研项目 一些科研单位会在生产基地开展一些试验项目，有些试验使用的药剂有可能超出绿色食品允许使用药品的范畴。如果在现场检查过程中，发现申报企业在开展类似的工作，需要其在管理制度中对相关试验进行约束，不符合绿色食品要求的试验不做。

生产记录不能反映真实的生产情况 有些企业没有重视记录相关工作，企业的生产记录不完善，生产记录相互之间存在矛盾，或生产记录与生产实际不符。有些生产记录过于干净整洁，疑似短时间内完成。有些生产记录不完整，缺失关键的农事操作及投入品使用。生产记录可能出现的问题很多，不再一一列举。生产记录是检查员检查的重要材料，会直接影响检查员对申报材料真实性的判断。

（五）意见建议

企业管理人员加强学习绿色食品相关标准 企业负责人及绿色食品内检员是绿色食品监管的第一道关，也是最重要的一环，只有生产者自身认识到严格按照绿色食品标准生产的严肃性，才能生产出符合绿色食品标准的优质产品。绿色食品是生产出来的，更是管理出来的。企业人员的学习与培训是企业进行自身管理的前提条件。如果对绿色食品标准及要求都不清楚，也就不能更好地进行管理。

完善企业绿色食品生产管理制度　管理制度必须适合企业的自身生产特点，不做无效管理，但是也不能存在管理漏洞。有些企业承接一些科研项目，就要有平行生产的管理制度。管理制度要全面覆盖生产的各个环节，投入品管理制度、档案管理制度等重要制度不能缺少。

不断完善修订绿色食品生产操作规程　随着新的生产技术的不断涌现，企业也不能墨守成规，必须不断学习新的绿色防控及生产技术，借鉴其他企业的生产经验，并不断修订生产操作规程，将生产技术操作规程在重要位置进行公示，真正做到“按标生产”。

供稿　北京市农产品质量安全中心　李浩

绿色食品蔬菜现场检查案例分析

——以石家庄丛青果蔬种植有限公司为例

一、案例介绍

本案例为河北省绿色食品发展中心与石家庄市绿色食品办公室联合成立检查组对石家庄丛青果蔬种植有限公司绿色食品蔬菜产品续展申报实施现场检查。

石家庄丛青果蔬种植有限公司（以下简称丛青公司）位于河北省石家庄市晋州市周家庄乡北捏盘村，占地750.17亩，建有现代化日光温室大棚418个，鲜菜包装车间及冷藏库3 000米^2，净菜配送车间500米^2，是集蔬菜种植以及旅游、采摘、体验、亲子厨房等为一体的现代化农业园区。丛青公司始终坚持以质量为核心，严把食品安全关，建立选种、育苗、田间种植、采收、加工等全链条标准化生产质量控制体系，为消费者提供高品质的健康蔬菜。2013年11月，丛青公司生产的上海青（油菜）、花椰菜等多种蔬菜首次获得绿色食品证书。丛青公司2014年7月被认定为省级农业产业化重点龙头企业，2019年成为粤港澳大湾区蔬菜供应备选基地，2022年被确定为北京冬奥会蔬菜供应基地。产品销往京津冀沪及粤港澳大湾区等高端市场，带动周边百余名农民实现就业。

二、现场检查准备

（一）了解申请人基本情况

检查组通过审阅企业申请材料，了解申请人及申报产品的基本情况。申请人生产基地位于石家庄市晋州市周家庄乡北捏盘村，是传统农业种植区，土地属性为承包土地统一生产经营。申请续展的产品为白菜、番茄、辣椒、上海青（油菜）、甘蓝、花椰菜、南瓜、芹菜、菠菜9个产品。检查组详细了解了各个产品的生产茬口、收获季，以及轮作、倒茬等生产安排，所有产品不存在平行生产。

（二）确定检查内容和重点

现场检查需要检查全部申报产品的生产环节，检查内容包括：①产地环境质量，包括环境质量状况及周边污染源情况等；②种植过程及产品包装、贮藏运输等与申请材料的符合性；③种植产品农药、肥料等投入品的使用情况；④质量管理体系和生产管理制度落实情况；⑤绿色食品标志使用情况、生产记录、投入品使用记录等。检查重点是农药、肥料等投入品的使用与管理，以及追溯体系建设情况。

（三）制订现场检查计划

由于申请人蔬菜种植品种较多，检查组与申请人沟通确认，申请人蔬菜产品常年周期生产，所有申请产品目前均在作物生长期，现场检查能够覆盖全部生产环节。综合考虑蔬菜生产规模、基地场所和检查工作量等情况，检查组确定工作时长为1个工作日，并制订“现场检查计划安排表”（表3-1）。

表 3-1 现场检查计划安排表

时间	项目	备注
10:00—10:30	召开首次会议	签到
10:30—12:00	检查蔬菜种植基地	
	检查生产资料库房	
13:00—14:30	检查净菜加工包装车间	
	检查成品库	
	检查废弃物处理	
	检查实验室	
贯穿全过程	随机访问	
14:30—15:00	查阅档案资料	
15:00—15:30	管理层沟通	
15:30—16:00	召开总结会	签到
现场检查完成后10个工作日内	撰写检查报告	

（四）发送现场检查通知书

提前3个工作日，将“绿色食品现场检查通知书”及现场检查计划发送至申请人，请申请人做好相关准备，配合现场检查工作，申请人签字确认。

（五）准备需要的资料和物品

检查员准备绿色食品相关标准与规范、企业申报材料、现场需要填写的表格文件等，以及相机或手机等拍照设备。

三、现场检查实施

现场检查包括首次会议、环境调查、实地检查、随机访问、查阅文件（记录）、管理层沟通和总结会等环节。检查组到达企业，现场检查工作正式实施（图3-1）。检查员应对现场检查各环节、重要场所以及文件记录等进行拍照、复印和实物取证，同时做好书面检查记录。

图 3-1　检查组到达企业

（一）首次会议

检查组在企业会议室召开首次会议，企业负责人、仓库管理员、绿色食品内检员、基地生产技术员代表、工人代表等参会（图3-2）。首次会议由检查组组长主持，向申请人明确检查目的、依据、范围、内容及检查安排等。会议中进行简要培训，宣贯绿色食品相关标准、规范和要求。检查组向申请人作出保密承诺。丛青公司负责人介绍产地环境、气候特征、企业生产经营及申请产品的基本情况，绿色食品内检员介绍生产管理的具体情况，以及内检员实施内部检查工作的具体流程。丛青公司负责人要求

图 3-2　首次会议

各部门配合现场检查工作，并与内检员全程陪同现场检查。参会人员填写“绿色食品现场检查会议签到表”。

（二）实地检查

检查组对全部生产环节进行现场检查，检查过程随时进行风险评估。

产地环境 检查组调查了解了基地区域的主要气候特性，包括平均气温、平均降水量、日照时数、水文状况，以及土壤类型、土壤背景值、生物多样性等基本情况；对照基地图，现场核实了基地位置、基地范围、周边有无污染源等；现场勘察了基地周边生态环境、隔离带设置和农业生产布局等；综合总体调查情况，对照NY/T 391《绿色食品　产地环境质量》要求，对绿色食品发展适宜性作出综合评价。经检查组检查确认，基地环境质量状况良好，周边5千米，上风向20千米范围内无工矿污染源，基地南边距离主要公路100米，且有石津灌渠阻隔。基地周边有隔离网且种植树木作为双重篱墙。温室大棚设立集中连片，规划布局合理。生产保障用房、农机具房等生产基础设施配套齐全。基地灌溉水来源为地下井水，水样定期检测，不存在污染源和潜在污染源。经综合评价，产地环境符合NY/T 391《绿色食品　产地环境质量》和NY/T 1054《绿色食品　产地环境调查、监测与评价规范》要求，确认续展环境条件未发生变化，空气、土壤、灌溉水项目免测。

土、肥、水管理 基地引进抗病虫性强的蔬菜品种，产量稳定，品质好；建有育苗基地；温室内地上覆膜+滴灌，控制棚内温湿度，减少草害病害发生；土壤消毒方法为高温休耕闷棚，有效控制土传病害；运用水肥一体化技术，不仅节水节肥，提高肥料利用率，而且符合NY/T 394《绿色食品　肥料使用准则》要求（图3-3）；蔬菜栽培全程严格按照《绿色食品蔬菜生产操作规程》执行。

图 3-3　水肥一体化

病虫害防治　坚持“预防为主，综合防控”的植保方针，以农业防治为基础，优先采用物理、生物防控措施，辅之化学防治措施，充分采用“一隔、二驱、三控、四诱、五防”手段，利用色板、性诱剂、杀虫灯、防虫网、天敌等措施防控害虫（图3-4）。必要时使用低风险农药（如啶酰菌胺、苏云金杆菌等）进行防治，所选用的农药均符合NY/T 393《绿色食品　农药使用准则》要求。农药使用严格按照相应作物上登记的施药剂量（或浓度）、施药次数和安全间隔期等规定执行。

黄板

昆虫诱捕器

图 3-4　检查病虫害物理和生物防控措施

昆虫诱捕器

杀虫灯

防虫网

释放天敌（异色瓢虫）

图 3-4 （续）

生产资料库房 检查组对生产资料库房进行了现场检查。绿色食品生产资料有专门的仓库存放（图3-5）。绿色食品生产资料库存有安琪酵母有机肥、平衡水溶肥、啶酰菌胺、苏云金杆菌、噻虫嗪等，出入库登记与财务卡一致，未发现绿色食品禁用投入品。使用的投入品品种基本与申报材料中描述的情况一致。随机访问库房管理员，了解生产资料购入与使用情况，核实农药登记标签使用范围，了解到投入品由丛青公司统一购买使用，采购农业生产资料须经内检员签字确认才能购买。

图 3-5　绿色食品生产资料在专用库房内专区摆放，标识清晰，墙上悬挂绿色食品标准

净菜加工　检查组检查了净菜加工厂区环境、设施布局和卫生措施，以及加工车间内的设施布局，未发现对加工原料、中间产品、终产品可能产生危害的风险因素。生产车间内设置绿色食品生产专区，标识清晰醒目，生产设备满足申请产品生产的需要，卫生条件满足生产要求（图3-6）。设置更衣室、洗手间等设施的缓冲间，生产车间物流及人员流动状况合理，能避免交叉污染，产前、产中、产后卫生状况良好。加工过程未发现保鲜剂

图 3-6　检查净菜加工车间绿色食品生产专区

使用痕迹。加工环境和加工过程基本符合绿色食品相关标准。

包装、储藏 产品包装材料符合绿色食品要求，包装上印制产品追溯码（图3-7），产品包装上产品名称、商标等信息与申报材料一致，符合NY/T 658《绿色食品 包装通用准则》、GB 7718《食品安全国家标准 预包装食品标签通则》和《中国绿色食品商标标志设计使用规范手册》的要求。产品储藏于绿色食品专用冷库，符合NY/T 1056《绿色食品 储藏运输准则》要求（图3-8）。

国家农产品质量安全追溯

产品信息

产品名称：芹菜

销售数量：11吨

销售日期：2022-01-03

产品追溯码：32644330382418848287

承接主体信息

承接主体名称：广州东升

联系人：周记

电 话：13403111819

产品追溯码：32644330382418848287

销售主体信息

凭证出具单位：石家庄丛青果蔬种植有限公司

联系人：任艳康

电 话：15081119666

图3-7 产品追溯码

图3-8 绿色食品专库

废弃物处理 基地的废弃秧苗统一回收，发酵后作为有机肥施用，农药与肥料包装袋、大棚薄膜、地膜统一回收集中处理，检查组未发现在作物生产过程中存在污染周边环境的问题。

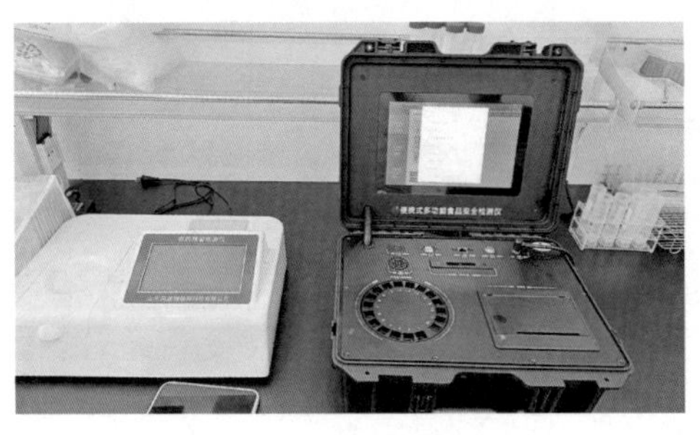

图3-9 农药残留速测设备

质量检测 丛青公司配有农药残留速测设备（图3-9），工作人员操作熟练，检测记录保存完好。

（三）随机访问

现场检查过程中，通过对农户、生产技术人员、内检员等进行随机访问，核实申请人生产过程中对绿色食品相关技术标准的执行情况，申请人材料能够如实反映生产实际（图3-10）。

图 3-10　随机访问，了解生产人员对绿色防控技术掌握情况

（四）查阅文件（记录）

检查组在档案室查阅企业的各项档案资料。核查营业执照、商标注册证等证书原件，基地土地流转合同、流转清单等基地来源证明资料，质量控制规范、生产操作规程等质量管理制度文件，均真实有效。核实投入品购销合同及票据的原件，确定其真实性和有效性。查阅上3个年度的原始生产记录、内部检查记录、培训记录等（图3-11）。档案记录中未发现不符合项。

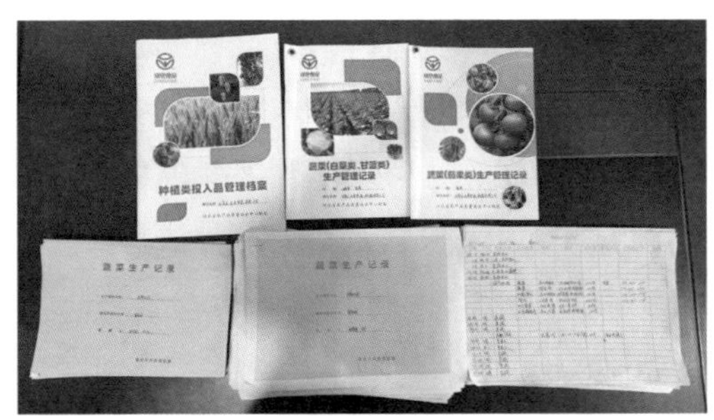

图 3-11　生产记录

（五）管理层沟通

检查组对申请人质量管理体系、产地环境、生产管理、投入品使用与管理、产品包装、储藏运输等情况进行总结，特别关注产地

周边是否有污染源、是否存在使用禁用物质或不明成分投入品迹象、是否存在平行生产或生产经营组织模式混乱等，进行综合评估，通过检查组内部沟通形成现场检查意见：①确定企业各生产环节建立了合理有效的生产技术规程，操作人员能够了解规程并准确执行；②评估了整体质量控制情况，企业建立了有效质量管理制度，在各生产场所均有制度“上墙”，制度能够有效落实，能够保证申报产品质量稳定；③评估了生产过程的投入品使用，确定其符合绿色食品标准要求；④评估了生产全过程对周边环境的影响，未发现造成污染。检查组现场检查意见应先与管理层进行沟通，特别是在检查意见倾向于申请人本次申请不符合绿色食品相关要求的情况下，检查组应与管理层充分沟通，达成一致意见，不一致的以检查组意见为准。

（六）总结会

检查组组长通报现场检查意见，基地周边未发现污染源和潜在污染源，质量管理体系较为健全，生产技术与管理措施符合绿色食品相关标准要求，包装材料和形式符合相关标准要求，能够保证绿色食品产品的生产，现场检查合格，同时也提出了改进意见与建议。丛青公司负责人对检查结果表态，认可现场检查结果，对进一步严格落实内部检查制度、坚持定期开展绿色食品专题培训、抓好绿色食品标准化生产的建议和意见，表示要认真整改并长期坚持。

图 3-12　申请人对现场检查意见确认签字

检查组组长和丛青公司负责人分别在“绿色食品现场检查发现问题汇总表”上签署意见（图3-12）。参会人员填写“绿色食品现场检查会议签到表”。

四、现场检查报告及处理

在现场检查完成10个工作日内，检查组应撰写完成“种植产品现场检查报告”，会同现场检查照片、“绿色食品现场检查会议签到表”“绿色食品现场检查发现问题汇总表”等文件一并提交到绿色食品工作机构。对现场检查中发现的问题，明确整改时限要求。申请人落实整改后，检查组派人实地验收，并在“绿色食品现场检查发现问题汇总表”中签署整改验收意见。绿色食品工作机构出具“绿色食品现场检查意见通知书”，发送给申请人。现场检查材料由绿色食品工作机构存档，申请人留存。

五、绿色食品蔬菜现场检查案例分析

（一）现场检查“五步工作法”

从检查员的工作方法上来讲，如何实施好绿色食品蔬菜现场检查？从本案例中，可以总结为“一看、二听、三问、四查、五确认”。

1. 看

看基地周边环境（生态、环保、水源） 绿色食品蔬菜产地应位于生态环境良好、无污染的地区，应距离公路、铁路、生活区50米以上，距离工矿企业1千米以上，避开工业污染源、生活垃圾场、医院、工厂等污染源。

看地块分布情况（区位、隔离、道路） 绿色食品种植区应有明显的区分标识，绿色食品和非绿色食品种植区域之间应设置有效的缓冲带或物理屏障，防止绿色食品产地受到污染。可在绿色食品种植区边缘5～10米处种植树木作为双重篱墙，隔离带宽度8米左右，隔离带种植缓冲作物。

看基地管理状况（设施、综治、卫生） 了解生产基地的设施管理情况，特别是温室大棚的配套设施、编号管理等；了解农业、物理、生物、化学等病虫草害综合防治措施；查看制度上墙情况、园区周边和内部卫生状况、废弃物处理情况等。

看作物长势情况（轮作、间作、套作） 了解栽培模式、病虫草害发生情况及周边作物种植情况，轮作、间作、套作等栽培计划符合生产实际且不影响申请产品的质量安全。栽培计划应有利于土壤健康，维持或改善土壤有机质含量、肥力、生物活性、结构，减少土壤养分的损失。

2. 听

听基地基本情况汇报 核实申请人资质，掌握企业领导层对绿色理念的认识程度，了解企业生产经营现状。

听质量管理体系情况 质量控制规范科学合理，制度健全，涵盖了绿色食品生产的管理要求；基地管理制度应包括人员管理、种植基地管理、档案记录管理、绿色食品标志使用管理等制度，了解管理制度是否得到有效落实。

听病虫草害防治情况 了解当地常见病虫草害的发生规律、危害程度及防治方法，调查申请产品当季病虫草害的发生情况，关注申请人采取的农业、物理、生物防治措施及效果。

听仓储运输情况 ①绿色食品应设置专用库房或存放区并保持洁净卫生，根据种植产品特点、贮存原则及要求，选用合适的贮存技术和方法；②储藏设施应具有防虫、防鼠、防鸟的功能，防虫、防鼠、防潮、防鸟等用药应符合NY/T 393《绿色食品　农药使用准则》要求；③运输工具在运输绿色食品之前应清理干净，必要时要进行灭菌消毒处理，防止与非绿色食品混杂和污染；④绿色食品不应与化肥、农药等化学物品以及其他任何有害、有毒、有气味的物品一起运输。

3. 问

问种子处理　询问作物品种、种子（种苗）来源、种衣剂成分以及种子是否经过处理，核查种子（种苗）的预处理方法以及种衣剂、处理剂等物质是否符合NY/T 393《绿色食品　农药使用准则》要求。

问土壤培肥　询问作物是否需要追肥，了解种植区土壤类型及肥力状况，了解土壤肥力恢复的方式（秸秆还田、种植绿肥和使用农家肥等）、土壤障碍因素及土壤改良剂使用情况。

问农药使用　了解杀虫剂、杀菌剂、除草剂的使用品种、剂量和时间。

问技术培训　了解绿色食品标准宣贯培训情况，企业负责人、内检员对绿色食品标准与规范的知晓情况。

问管理形式　了解基地生产管理形式，投入品供应形式。

4. 查

核查肥料用量　化肥减控原则。在保障养分充足供给的基础上，无机氮素用量不得高于当季作物需求量的一半，根据有机肥磷钾投入量相应减少无机磷钾肥施用量。检查是否符合NY/T 394《绿色食品　肥料使用准则》的要求。

核查农药标签　核实是否按农药标签登记的防治对象、用法用量、频次及安全间隔期等规范合理用药，是否符合NY/T 393《绿色食品　农药使用准则》和农药登记管理的要求。

核查生产记录　核实生产活动中投入品采购、使用的实际情况。农事活动记录的农药和肥料使用情况是否与农药和肥料的购入、使用台账一致。

核查追溯形式　申请人应具备组织管理绿色食品产品生产以及承担责任追溯的能力，建立产品质量追溯体系并实现产品全程可追溯，建立产品内检制度并保存内检记录；核查上一周期或用标周期

（续展）的生产记录；核查食用农产品承诺达标合格证；核查产品检验报告或质量抽检报告。

核查采后处理 了解收获方法、工具，了解采后处理方式。涉及清洗的，了解加工用水来源；涉及初加工的，检查加工厂区环境、卫生情况，了解加工流程；投入品使用应符合NY/T 392《绿色食品 食品添加剂使用准则》、NY/T 393《绿色食品 农药使用准则》和GB 2760《食品安全国家标准 食品添加剂使用标准》等标准要求。

核查标志使用 ①检查产品包装标签和绿色食品标志设计，包装标签标识内容应符合GB 7718《食品安全国家标准 预包装食品标签通则》等标准的要求，绿色食品标志设计应符合《中国绿色食品商标标志设计使用规范手册》要求，产品名称、商标、生产商名称等应与申请书一致；②核查产品包装方式和包装材料，核实包装材料来源、材质，包装材料应符合NY/T 658《绿色食品 包装通用准则》要求，可重复使用或回收利用，包装废弃物应可降解；③对于续展申请人，还应检查绿色食品标志使用情况，包装标签中生产商、商品名、注册商标等信息应与上一周期绿色食品标志使用证书中一致。

5. 确 认

核实企业质量控制规范、种植技术规程、产品质量保障措施等技术性文件的制定与执行情况，对质量管理体系、产地环境、生产管理、投入品管理及使用、产品包装、仓储运输等环节进行评价，确认申报企业是否已建立绿色食品生产全程质量控制体系，提出建设性意见和建议，并与申请人管理层进行沟通，达成一致意见。

（二）做到“四个务必”，确保现场检查实效

一是务必按照规定的人员、规定的时间、规定的程序完成现场检查工作；二是务必按照“看、听、问、查”等步骤全面了解企业的生产发展理念及标准化管理水平；三是务必从严控质量安全角度出发，全面了解企业生产投入品的购买和使用情况；四是务必对照绿色食品标准体系和规范要求，提出改进企业生产管理和质量管控水平的建议与措施。

（三）提升企业标准化生产管理水平

通过现场检查提升企业标准化生产管理水平，着力落实以下六大类21项具体要求。

一幅标语　绿色食品标识或宣传栏（图3-13）。

二套记录　生产（农事）记录、投入品购买和使用记录（台账）。

三件必备　文件柜、档案盒、投入品实物（包装）。

四面上墙　保证声明、控制体系、标准文本、操作规程。

五个到位　道路硬化、园区净化、隔离绿化、综治措施、质量追溯。

六处标示　企业铭牌、基地标牌、原辅料库、成品库房、生产车间、投入品库。

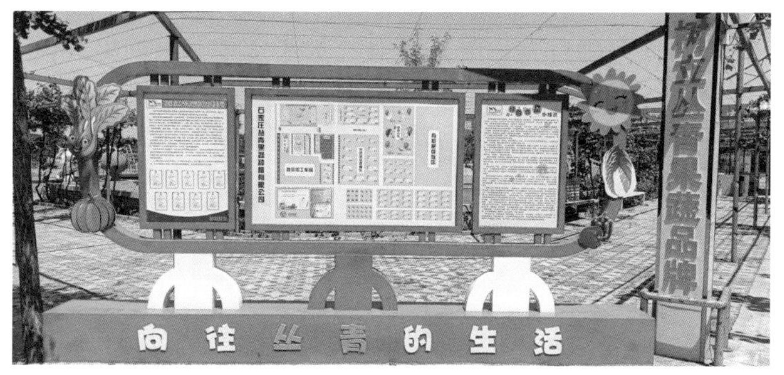

图3-13　绿色食品宣传栏

供稿　河北省绿色食品发展中心　李建锋（技术指导）、尤帅、李永伟
石家庄市农业农村局　杨金同、李瑞银

绿色食品柑橘现场检查案例分析

——以吉首市吉恒种养专业合作社为例

一、案例介绍

吉首市吉恒种养专业合作社位于湖南省湘西土家族苗族自治州（以下简称湘西）吉首市，成立于2017年10月27日，入社社员24人，是一家以柑橘种植生产为主、一二三产业融合发展的新型农业经营主体，合作社理事长黄立权是吉首市第一届“十佳”农民、吉首市柑橘协会会长，是吉首市返乡创业农民工典型人物，该合作社流转土地500亩，全部种植爱媛28红美人柑橘，年产量500吨，所产柑橘果实色泽红艳，外形美观，大小适中，果肉橙红色，肉质脆嫩，甜酸适度，化渣度高，可溶性固形物含量15%左右，深受广大消费者喜爱，年产值可达750万元。通过合作社的示范带动，近年周边村寨农户自发发展柑橘产业，柑橘低改、品改面积将近1万亩。

二、现场检查准备

（一）委派检查任务

湖南省湘西土家族苗族自治州绿色食品办公室（以下简称湘西绿办）于2023年6月2日收到吉首市吉恒种养专业合作社柑橘绿色食品申请材料，申请产品为红美人柑橘，产量500吨。按照《绿色食品标志管理办法》等相关规定，经湖南省绿色食品办公室委托授权，湘西绿办受理该申请，经审查申请人的相关材料均符合要求，于2023年6月2日向申请人下发“绿色食品申请受理通知书”，同时计划安排现场检查。

（二）确定检查人员

湘西绿办委派2名具有种植业检查资质的绿色食品检查员，对申请人实施现场检查。检查时间选择在柑橘生产季节。

组长：湘西绿办　高级检查员　谭周清

组员：湘西吉首市绿色食品办公室　高级检查员　孙红梅

（三）审阅申请材料

检查组接到委派任务，对申请材料进行审阅，初步了解申请人和申报产品的基本情况。申请人的生产基地位于吉首市马颈坳镇米坡村，为成年柑橘园，面积为500亩，土地属性为租赁承包经营，合同承包期限为20年。申请人集柑橘生产、销售及体验式采摘于一体，是返乡创业、一二三产业融合发展的新型农业生产经营主体，种植的柑橘品种为爱媛28，不涉及平行生产。

（四）制订检查计划

根据吉首市吉恒种养专业合作社生产实际情况，检查组制订现场检查计划，确定检查时间为2023年6月7日，检查内容为产地环境质量状况及周边污染源调查，申请人质量管理体系和种植技术规程的落实，以及生产过程中柑橘园土壤管理、病虫害防治、产品包装、储藏运输等情况。重点关注农药、肥料等投入品的使用。

（五）发送现场检查通知书

检查组将“绿色食品现场检查通知书”和现场检查计划提前3个工作日发送至申请人，通知申请人做好各项准备，配合现场检查工作，申请人确认检查内容和要求，签署回执。

三、现场检查实施

图4-1　检查组到达吉首市吉恒种养专业合作社

注：左为检查组组长谭周清，中为组员孙红梅，右为合作社理事长黄立权

2023年6月7日，检查组备齐现场检查所需要的相关标准文件、签到表、现场检查发现意见汇总表、拍照设备等资料和物品，到达合作社后，开始实施现场检查（图4-1）。在现场检查过程中，检查组对所有检查环节进行了记录和拍照留痕。

（一）首次会议

图4-2　首次会议

参会人员　在申请人会议室召开首次会议，会议由检查组组长主持。检查组全体成员、合作社理事长黄立权（内检员）、技术员陈生高、基地管理员张自军、仓库管理员李春艳等参加会议（图4-2）。参会人员填写“绿色食品现场检查会议签到表”。

介绍检查安排　检查组向申请人介绍现场检查目的、依据、具体安排和要求。向申请人了解检查场所、人员、资料准备情况。根据现场检查内容，与申请人协商，合理确定检查路线。

申请人介绍基本情况　合作社理事长黄立权介绍企业生产经营和申请产品的基本情况、实施内部检查工作的具体流程，技术员张自军介绍基地田间生产管理情况。检查组了解到，该合作社柑橘产品全部申报绿色食品，不存在平行生产的情况。

宣读保密承诺　检查组向申请人宣读保密承诺：检查组对在完成本次检查中所接触到的受检查方所有信息负有保密责任，未经受检查方许可不向第三方透露。

（二）实地检查

产地环境调查　检查组来到柑橘种植基地（图4-3）。基地位于吉首市马颈坳镇米坡村，属山区坡地梯田式种植，年平均温度17.3℃，年均降水日130天，年均降水量1 446.8毫米，年均日照时数1 429.6小时，无霜期325天。当地生态环境良好，动植物资源丰富，森林覆盖率高，周边没有工矿企业和主要交通干线，没有任何工业污染源，空气清新，土壤肥沃，基地被天然山林包围，植被丰富，与常规生产区域之间形成天然屏障，天然降雨充足，水质良好，能够满足柑橘树生长的需要，适宜绿色食品生产。检查组对照申请资料描述的柑橘园位置和基地图，经现场勘查基地边界，确认申报资料描述与实际情况一致（图4-4）。综合环境调查情况，检查组认为产地环境质量符合绿色食品基本要求，确定空气和灌溉水符合免测条件，检测项目为土壤。

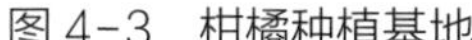

图4-3　柑橘种植基地

图4-4　勘查基地边界

培肥管理　柑橘园土壤为黄壤土，肥力一般。企业每年通过沟施商品有机肥进一步提高土壤肥力。据调查，有机肥采购自当地正规农业生产资料经营店。检查员查看了肥料标签和相关票据（图4-5和图4-6）。

图 4-5　检查肥料标签　　　　图 4-6　有机肥购买凭证

病虫草害防治　经调查，吉首市吉恒种养专业合作社基地柑橘园虫害主要是红蜘蛛、蚜虫、潜叶蛾等，合作社以粘虫板、诱杀球等物理方法防控为主，并通过及时采摘、冬季清园修剪等农艺措施防控；小范围内柑橘园有轻微炭疽病、砂皮病发生，在冬季使用石硫合剂清园，在谢花期用代森锰锌防控。柑橘园杂草主要采用割草机铲除。检查员现场检查了病虫害防治配药和喷药过程，生产技术人员能够严格按照农药标签标注的作物范围、用量、防治对象等要求规范使用农药（图4-7和图4-8）。

图 4-7　查看病虫害防控配药过程

图 4-8　查看病虫害防控喷药现场

果实品质 检查员现场查看了果实品质，向生产人员询问果实生长和采后处理管理措施（图4-9），了解到采摘方式为人工采摘，盛装器具为合作社统一采购的塑料周转筐（非再生材料），采摘后集中运送到村组道路，再由合作社专用运输车辆运送至合作社冷藏保鲜库贮存。

生产资料库房 申请人设立了肥料专用库房和植保产品库房。经现场查看，肥料库房中堆放有部分未用完的商品有机肥，植保产品库房存放有石硫合剂、杀菌剂、杀螨剂，以及5台小型充电喷雾器，未发现有绿色食品标准禁用物资存放（图4-10）。

图 4-9 查看果品品质

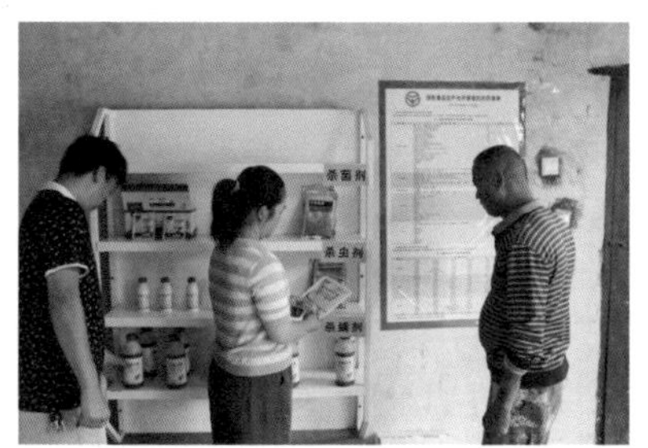

图 4-10 检查生产资料库房

（三）人员访谈

通过对合作社理事长黄立权、生产人员张自军、技术人员陈生高、仓库管理员李春艳进行访谈，核实到企业实际生产管理情况与申请材料基本一致，绿色食品相关技术标准和质量管理体系在生产过程中能够得到落实（图4-11）。

图 4-11 检查员与合作社理事长黄立权交流

（四）查阅文件（记录）

查阅文件　检查组现场查阅了申请人的营业执照、质量管理手册、种植技术规程、土地承包合同、基地图、内检员证书等，确定其真实性和有效性。基地内相关管理制度“上墙”公示（图4-12）。

图 4-12　检查基地管理制度

查阅记录　检查组现场查阅柑橘园上一年度生产（施肥、喷药、除草、修剪等）原始记录、果实采摘记录、出入库记录、运输记录、销售记录、有害生物防控记录、内部检查记录、培训记录等，以及有机肥、石硫合剂等农业生产资料购买记录和发票，进一步核实申请人生产和管理的执行情况及控制措施的有效性，未发现不符合项（图4-13）。

图 4-13　检查生产记录

（五）总结会

会前沟通　在召开总结会前，检查组针对申请人的具体情况进行讨论和风险评估，通过内部沟通形成现场检查意见：①经评估，产地环境质量符合绿色食品标准的要求；②各生产环节均建立了合理有效的生产技术规程，操作人员了解规程并能够准确执行；③企业不存在平行生产，生产过程中投入品的使用符合绿色食品标准的要求；④评估了柑橘生产全过程对周边环境的影响，未发现造成污染。

通报结果　总结会由检查组组长主持，参会人员填写“绿色食品现场检查会议签到表”。检查组组长谭周清和检查员孙红梅分别向申请人详细通报了各自的检查发现，并与管理层交换了意见，然后，检查组组长代表检查组通报本次现场检查最终意见：申请产品产地环境质量良好，周边未发现污染源，申请人质量管理体系较为健全，能较好地落实质量管理体系及种植技术规程，田间生产管理措施符合绿色食品相关标准要求，能够保证绿色食品产品的质量，现场检查合格。合作社负责人黄立权认可检查结果，并表示后续将加强对绿色食品标准和相关法规的学习，并严格落实内部检查制度（图4-14）。

图 4-14　召开总结会

四、现场检查报告及处理

现场检查结束后，检查员根据现场检查情况完成现场检查报告，检查组于2023年6月15日将“种植产品现场检查报告”“绿色食品现场检查会议签到表”“绿色食品现场检查发现问题汇总表”以及现场检查照片等文件提交至湘西绿办，湘西绿办向申请人发送“绿色食品现场检查意见通知书”，并将完整的现场检查材料报送湖南省绿色食品办公室。现场检查材料由绿色食品工作机构整理归档，申请人留存。

五、绿色食品柑橘现场检查案例分析

（一）合理确定现场检查时间

湘西地处武陵山腹地，属亚热带季风气候，四季分明，降水充沛，光照充足，非常适宜柑橘类水果生长。经多年种植观察发现，柑橘类水果在湘西种植过程中常发生的病害主要有炭疽病、疮痂病、砂皮病等，虫害主要有红蜘蛛、锈壁虱、蚜虫、潜叶蛾和矢尖蚧等，柑橘园杂草种类繁多，且各个季节均存在不同程度的杂草为害，主要以禾本科和菊科杂草种类最多。3—5月是柑橘类果树新梢抽发期、花期，温湿度适宜，各种主要病虫害均在此期间集中发生，属于用药关键时期；9—10月是砂皮病、红蜘蛛、矢尖蚧等病虫害再次为害时期，是柑橘类水果采摘前最后一次集中用药的关键节点。基于湘西柑橘类水果生产中病虫草害发生的实际情况，柑橘类水果绿色食品认证现场检查上半年宜安排在3—5月，下半年宜安排在9—10月。在此期间开展现场检查，可以更直观地了解申请人在柑橘病虫草害防控过程中农药的使用情况。

（二）紧盯关键环节与主要风险点

农药使用是绿色食品生产过程中十分关键的环节。在检查农药情况时，要查看绿色食品申请人农药购买发票或收据是否正规、是否符合要求，以此核实农药采购渠道是否符合农业生产资料管理要求；在核实农药使用情况时，重点查阅申请人农事生产操作记录，核实申请人所使用的农药是否为NY/T 393《绿色食品　农药使用准则》附录中允许使用的农药，农药施用间隔期是否符合要求等。要重点关注农药配制及废弃包装物处理情况。现场检查中经常可见基地周边有农药废弃包装物收集筐（桶），其中可能存在NY/T 393附录之外的农药。通过现场观察申请人农药配制、使用，检查废弃的农药包装物，进一步了解申请人农药使用情况。

柑橘类水果绿色食品生产管理，应重点关注平行生产及隔离带的设置。湘西柑橘类水果常年保有面积近100万亩，在开展绿色食品认证现场检查时须特别注意平行生产与隔离带的设置情况。对于存在平行生产的地块，指导企业严格按要求做好绿色食品与非绿色食品地块的隔离，认真查看申请人防止绿色食品与常规食品在生产、收获、储藏、运输等环节混淆所采取的措施及制定的制度，重点关注落实情况。

（三）常见问题

未严格落实生产操作规程 企业质量控制规范、种植技术规程和产品质量保障措施等技术性文件的制定，是确保绿色食品生产企业产品质量安全非常重要的基础性工作，企业负责人应牵头组织制定质量控制规范和操作规程等制度，并确保贯彻有力、执行严格。在绿色食品现场检查或企业年检过程中，发现新认证企业制定的种植技术规程中，化肥减控条款的制定欠规范，测算出的无机氮素用量高于当季作物需求量的一半，同时，对种植技术规程培训不到位。

未严格按农药登记使用作物用药 农药登记使用作物范围是根据国家法规的要求，通过科学评价和试验验证而确定的，从而保证农药在使用过程中不会对人体、农作物和环境造成危害。很多小宗农作物及小面积种植的特色作物出现病虫害时，很难找到对症的农药登记范围内的农药，导致出现超范围使用农药的现象，对绿色食品生产构成安全隐患。

未严格执行灌溉水免测标准 按照绿色食品认证要求，认证产品灌溉水来源为天然降水时，符合灌溉水免测标准。然而，在极端干旱条件下，认证企业为避免因干旱出现大面积农作物枯死的情况，如附近有可用水源，有个别企业会在没有对水源进行检测的情况下，抽取附近水源的水灌溉农作物。

（四）经验与启示

加强“证前指导”，打通服务企业“最后一米” 申请绿色食品认证，对申请人有一系列的前置条件，例如，农业生产经营企业须有完善的质量管理体系，并至少稳定运行1年、达到一定的生产规模、使用NY/T 393《绿色食品　农药使用准则》附录中允许使用的农药等。多数农业生产经营主体在现场检查之前，对绿色食品认证的前置条件、相关标准要求了解不多，导致现场检查时存在不符合项，申请人整改时间较长，打击了企业申请认证的积极性。因此，可以每年年初对本区域范围的企业进行摸底，对有认证意向的农业生产经营主体提前进行认证合规性培训、指导工作，优化服务，最大程度提高认证通过率，缩短获证时间。

加大培训力度，提升业务水平 为建立健全绿色食品生产企业全程质量控制体系，加强对绿色食品生产企业、基地和农户的技术培训和生产指导，提升标准化生产能力，每年可以组织辖区内的绿色食品生产企业参加绿色食品生产技术规程“进企入户”现场培训班，由专业人员对绿色食品认证政策、农作物田间管理、生产加工、投入品的购买与使用、农事生产记录的填写等全过程进行详细讲解。通过开展“进企入户”培训，有利于增强企业对绿色食品标准和要求的了解，有助于提升绿色食品品质，保障绿色食品质量。

加大证后监督检查力度，确保产品质量 绿色食品要始终坚持“严”字当头，对平行生产、委托加工严格审查，积极组织开展绿色食品证后监督抽检，保障消费者利益。通过开展日常监督抽检，可以很好地了解辖区内绿色食品潜在的风险点，对今后组织开展绿色食品认证有很好的指导作用。同时，要在产品生产的关键节点对绿色食品认证企业开展年检工作，以企业投入品使用、生产档案记录、包装标识、标志使用，以及国家农产品质量安全追溯平台、省级农产品身份证平台的注册等为重点内容，对发现的问题提出书面整改要求并督促整改到位。

供稿　湖南省湘西土家族苗族自治州绿色食品办公室　谭周清
湘西土家族苗族自治州吉首市农业农村局　孙红梅

绿色食品樱桃现场检查案例分析

——以山东旭沣农场有限公司为例

一、案例介绍

本案例检查对象为山东旭沣农场有限公司（以下简称旭沣公司），检查产品为樱桃。旭沣公司成立于2020年5月，注册资金3 000万元，注册地址为山东省淄博市张店区沣水镇四角方村，是一家集绿色食品与名特优果品种植、畜牧养殖、加工销售、观光采摘、农事体验与教科研于一体的现代绿色生态循环农业产业集团。旭沣公司有管理人员24人，常年安排周边农村剩余劳力110人以上；现有樱桃种植面积150亩，主要为大棚种植；以养牛场为依托沤制牛粪，并有大量的蚯蚓粪供樱桃生产使用；长期致力改善种植土壤环境，土壤有机质含量较高；土层肥厚、避风向阳、光照充足、温差较大、早春回暖增温快，适宜樱桃的生长。目前，园区已栽植了美早、布鲁克斯、蜜露、拉宾斯等品种的樱桃4 000余株。旭沣公司樱桃种植有完善的制度和档案管理，严格按照绿色食品要求进行生产管理，产品品质好、安全性高，符合绿色食品的标准要求。

二、现场检查准备

（一）检查任务

旭沣公司于2023年5月10日向山东省绿色食品发展中心提出绿色食品标志使用申请，申请产品为旭沣农场牌旭沣农场大樱桃，产量90吨。按照《绿色食品标志管理办法》等相关规定，经审查，申请人相关材料符合要求，于2023年5月10日正式受理，向申请人发出“绿色食品申请受理通知书”，同时委派淄博市数字农业农村发展中心开展现场检查。

（二）检查人员

淄博市数字农业农村发展中心派出检查组，检查组成员如下。

组长：淄博市数字农业农村发展中心（淄博市绿色食品开发管理办公室） 高级检查员 李晓莉

组员：淄博市数字农业农村发展中心（淄博市绿色食品开发管理办公室） 高级检查员 张亚男

组员：淄博市数字农业农村发展中心（淄博市绿色食品开发管理办公室） 检查员 王坤

（三）检查时间

根据樱桃生育期和产品生产特点，检查组定于2023年5月18日赴旭沣公司实施绿色食品樱桃现场检查。淄博市数字农业农村发展中心于2023年5月15日，向申请人发出“绿色食品现场检查通知书”，申请人签收确认。

（四）检查内容

现场检查前，检查组成员审核“绿色食品标志使用申请书”“种植产品调查表”、种植规程、质量管理手册、基地证明材料等，对旭沣公司尤其是其绿色食品生产条件进行了初步了解。依据绿色食品标准规范，检查组确认本次现场检查重点内容为：调查申请产品大樱桃产地环境质量及周边污染源情况，检查申请人生产操作规程和质量管理制度落实情况，核实农药、肥料等使用情况及生产记录等，验证大樱桃种植、采收、包装、贮运等生产各环节与申请材料的一致性，及其与绿色食品标准的符合性。

三、现场检查实施

（一）环境调查

大樱桃生产基地位于淄博市南部张店区沣水镇四角方村，基地总面积1 000亩，其中，大樱桃种植面积150亩，另外800亩种植粮食、50亩种植火龙果，分别在不同的园区分开种植。基地远离城镇，远离公路、铁路、生活区，周边无工矿企业，生态环境良好，基地全景如图5-1所示。检查组在前往企业的路上，向申请人所在区域的工作人员询问了当地的种植习惯、周边环境等情况，并查阅了该地区的环境背景资料。申请人基地位于当地林果的核心产区，基地地形以丘陵为主，年均有效积温4 285.5℃，年均日照时数2 528小时，年均降水量653.4毫米，水量充足，土壤肥力良好，气候、水土等环境条件适宜樱桃生长。经检查组检查，确认灌溉水源为园区内深井水，未发现周边存在污染源。通过与申请人交流和检查组调查，检查组确认基地周边5千米，且主导风向的上风向20千米无工矿

图5-1　基地全景

污染源，空气质量符合NY/T 1054《绿色食品　产地环境调查、监测与评价规范》免测要求，检测项目为土壤和灌溉水。

（二）首次会议

检查组到达旭沣公司（图5-2）。检查组召开首次会议，检查组成员和企业负责人、部门负责人（基地、生产、质检、销售等）、内检员参会，检查组组长主持会议。检查组组长介绍检查组成员，说明本次现场检查目的、依据和现场检查安排，宣读保密承诺。企业负责人汇报企业生产概况，尤其是围绕绿色食品申报，汇报企业具备哪些优势条件，以及前一个成长周期的生产管理情况等。检查组根据汇报情况，与企业相关人员交流，宣传绿色食品理念，讲解绿色食品申报程序和现场检查要求。与会人员签到（图5-3）。

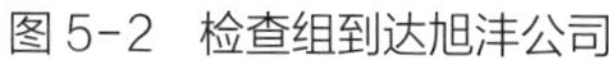
图5-2　检查组到达旭沣公司

图5-3　首次会议

（三）实地检查

种植基地　大樱桃种植方式为设施种植，樱桃长势良好（图5-4）。旭沣公司建有养殖场，产生的牛粪经高温60℃左右沤制腐熟60天，可作为有机肥来源（图5-5），此外，外购生物有机肥、复合肥、水溶肥等。樱桃常见病害为褐斑病，采用硫黄喷雾防控。虫害主要为蚜虫，主要采用黄蓝板诱杀。人工除草，不用化学除草剂。旭沣公司建立了绿色食品生产管理制度、绿色食品标志使用管理制度、绿色食品病虫害防治规定、农业投入品管理制度等，制度健全，均已“上墙”。绿色食品农药、肥料相关准则、标准均张贴于每个大棚内，便于基地生产者查看。

图 5-4　检查种植基地

图 5-5　自有养牛场产生的牛粪可作为有机肥来源

投入品库　检查员检查了肥料、植保用品的台账和库存情况。经检查，旭沣公司建有专门的农业投入品库，农业投入品分门别类，摆放整齐。仓库中存放了专用商品有机肥和樱桃专用农药，来源证明和出入库记录齐全，没有发现绿色食品禁用投入品。检查肥料和农药标签的名称、有效成分、作物范围、使用方法、使用时期、安全间隔期等内容，与大樱桃生产操作规程及实际生产用肥用药情况基本一致。

（四）随机访问

随机访问旭沣公司基地生产负责人、工人和内检员，知晓该公司樱桃申报绿色食品，经常接受绿色食品技术培训，了解绿色食品用药、用肥基本要求。经过交流，了解到农业投入品使用情况与生产记录一致，生产管理与申报材料一致。

（五）查阅文件（记录）

检查组查验了记录档案，申请人建立了年度农事操作，以及农业投入品购入、查验、出入库等记录，保存了购买凭证、票据等，档案翔实完整，与提供的申报材料一致，且未发现绿色食品禁用项。

（六）组内合议和管理层沟通

检查组针对检查情况进行了组内合议，并与申请人管理层充分沟通。检查组认为旭沣公司质量安全意识强，管理体系和管理制度健全且能够高效运行，而且前期为申报绿色食品做了充分准备，各部门人员尤其是内检员对绿色食品标准也基本掌握，现场检查生产过程基本达到了绿色食品标准要求。

（七）总结会

首先，检查组组长向旭沣公司正式反馈了现场检查总体情况，认为申请人质量管理体系健全、运行有效，产地环境、生产管理、投入品使用、质量追溯、包装储运等全程质量管控良好，环境保护措施能够有效实施，生产记录档案客观规范、保存良好，质量风险防控意识、品牌运营意识强，符合绿色食品生产技术标准和质量管控要求。其次，检查组对申请人下一步绿色食品生产和标志使用提出要求，要以此次现场检查为契机，及时高效配合相关部门完成绿色食品标志使用许可申请工作，加大公司相关部门人员绿色食品技术培训，在获得绿色食品标志使用权后规范使用绿色食品标志，打造高端优质旭沣樱桃品牌。再次，检查组建议旭沣公司还应加大绿色食品申报力度，尽快将公司生产的符合标准要求的其他产品申请绿色食品，更好地满足消费者需求。最后，检查组和申请人双方签署完成“绿色食品现场检查会议签到表”“绿色食品现场检查发现问题汇总表”等检查文件，结束本次现场检查。

四、绿色食品樱桃产品现场检查案例分析

（一）现场检查时间安排

绿色食品现场检查的时间应安排在樱桃关键生长期，根据大棚樱桃生长周期，安排在4—5月比较适宜，此阶段樱桃果实快速膨大，是樱桃病虫草害易发时节。此时检查，各项生产记录已基本记录了整个生长周期的情况，有利于检查员掌握生产实际情况。

（二）现场检查重点

产地环境重点检查区位、污染源、隔离带、灌溉水来源、生态、环保等；种苗处理重点检查种子包衣、拌药情况；栽培模式重点检查轮作、间作、套作情况；农药使用重点检查常发病虫害防治所用农药的种类、使用方法、用量、使用时间及安全间隔期等；肥料使用重点检查自制有机肥（原料、制作方式）、其他肥料（来源、成分、使用方法）、无机氮素用量；采后处理重点检查加工水和药剂的使用；包装贮运重点检查规范标识和隔离防护；记录档案重点检查是否符合实际、内容是否规范、是否可追溯。

（三）风险分析

病虫害防治的有效性是种植产品生产质量控制的核心。检查员检查每一个绿色食品，都要提前掌握该产品的质量控制风险点。通过日常工作积累、专业资料查询以及请教植保或果树专家，了解樱桃常见的病虫草害和主要防治措施，了解绿色食品生产技术要求，并在现场检查全过程中做好风险评估。本案例中，樱桃病虫害较少，通常在开花前喷洒一遍绿色食品允许使用的农药，对整个生长周期的病虫害就能起到很好的预防作用。但如果连续多日处于高温高湿环境下，在坐果期易发生灰霉病，在采收后易发生细菌性穿孔病、褐斑病、叶斑病等病害。因此，针对连续高温高湿的情况，坐果期尽快通风散湿，同时，由于樱桃结果期时间较短，可以通过自

身抗性持续到采摘结束；采收后发生病害可追加使用绿色食品允许使用的农药。樱桃常见的害虫有蚜虫、红蜘蛛等，可通过物理防控措施进行防治，有效减少农药的使用。此外，旭沣公司重视种植技术，配备有经验丰富、认真专业的技术员。内检员系统学习了绿色食品知识，且认真负责，能够指导基地按照绿色食品生产操作规程实施生产。大棚内配备了数字智能监控，对棚内温度、湿度、病害、害虫、叶片与果实长势等情况进行实时监控。技术员也随时查看棚内环境状况、樱桃长势等。从农事记录看，未发现旭沣公司出现过大规模病虫害发生情况，农药和肥料使用也符合绿色食品标准要求。

供稿　淄博市数字农业农村发展中心　李晓莉

绿色食品肉羊养殖（草原放牧模式）现场检查案例分析

——以呼伦贝尔欣绿洲民族食品有限公司为例

一、案例介绍

呼伦贝尔欣绿洲民族食品有限公司（以下简称欣绿洲公司）是内蒙古自治区呼伦贝尔市鄂温克族自治旗（以下简称鄂温克旗）通过对外招商引资而成立的集养殖、屠宰、加工、仓储、物流和销售于一体的全产业链企业，成立于2014年7月，注册资本1 000万元，总资产6 000万元。欣绿洲公司位于鄂温克旗巴彦托海经济技术开发区，占地面积12 949m^2，建设面积11 000m^2，其中，牛羊屠宰加工车间6 000m^2，包括排酸车间400m^2、速冻车间500m^2、冷冻车间1 500m^2、熟食加工车间2 000m^2、实验研发楼1 000m^2，年屠宰分割羊70万只、牛3万头，速冻能力100吨/日，冷藏能力1 500吨。在鄂温克旗相关部门协调下，欣绿洲公司同95户牧民签订了10年呼伦贝尔羊养殖合同（91户牧民共有30万亩草场）。欣绿洲公司取得ISO9001质量管理体系认证、屠宰加工许可证、食品生产许可证（SC）、清真食品认证。该公司绿色食品申报产品为分割羊肉、羔羊肉、羔羊排、羔羊前腿、羔羊肉卷、羔羊后腿包6个产品，这些产品90%销往北京、上海、杭州和呼和浩特，10%在当地销售。

二、现场检查准备

（一）检查任务

欣绿洲公司于2023年4月28日向呼伦贝尔市农畜产品质量安全中心提出绿色食品标志使用申请，申请产品为分割羊肉、羔羊肉、羔羊排、羔羊前腿、羔羊肉卷、羔羊后腿包6个产品，年总产量219吨。按照《绿色食品标志管理办法》等相关规定，经审查，申请人相关材料符合要求，由呼伦贝尔市农畜产品质量安全中心于2023年5月6日正式受理，向申请人发出“绿色食品申请受理通知书”，同时计划安排现场检查。

（二）检查人员

呼伦贝尔市农畜产品质量安全中心派出检查组，检查组成员如下。

组长：呼伦贝尔市农畜产品质量安全中心　高级检查员　罗旭

组员：呼伦贝尔市农畜产品质量安全中心　高级检查员　陈伟

（三）检查时间

根据本地区呼伦贝尔羊生育期和产品生产特点，检查组定于2023年5月8日对欣绿洲公司实施绿色食品羊肉现场检查。呼伦贝尔市农畜产品质量安全中心于2023年5月6日向申请人发出“绿色食品现场检查通知书”，申请人签收确认。

（四）检查内容

现场检查前，检查组成员审核“绿色食品标志使用申请书”“畜禽产品调查表”“加工调查表”、养殖规程、质量管理手册、基地证明材料等，了解申请人和申报产品基本情况。依据绿色食品标准规范，检查组确认本次现场检查重点内容：调查草原羊产地环境质量及周边污染源情况，检查申请人生产操作规程和质量管理制度落实情况，核实兽药、饲料等使用情况以及生产记录等，验证肉羊养殖、屠宰、加工、包装、贮运等生产各环节与申请材料的一致性，及其与绿色食品标准的符合性。

三、现场检查实施

（一）首次会议

检查组来到企业，召开首次座谈会，检查组成员、企业管理人员、技术人员和内检员参加会议（图6-1）。检查组组长向企业参会人员介绍检查组成员、现场检查的目的及现场检查的程序要求等。企业负责人向检查组介绍企业基本情况、基地建设情况、产品生产加工情况、申报绿色食品的目的，以及生产过程中对绿色食品标准、规范执行的情况等。最后，双方共同确认了现场检查行程安排。

图6-1　首次会议

（二）调查养殖环境

调查内容：调查养殖场基地及周边自然环境，检查绿色食品养殖区与常规养殖区及其隔离措施；调查养殖饮水来源，检查可能引起水源污染的污染物及其来源；调查申请人养殖模式，核实放牧草场类型、草种构成，养殖基地载畜量；检查申请人生态保护措施；确认环境检测项目。

检查组调查了解到，养殖牛羊是当地唯一产业。欣绿洲养殖基地位于鄂温克旗辉苏木、北辉苏木及伊敏苏木，草场面积8.8万亩。基地生态环境良好、地广人稀，周围5千米且主导风向20千米范围内无工厂矿山，无其他农业种植区域，远离公路铁路干线及城市居民区。养殖区域除养殖圈舍及附属设施外再无其他任何设施，无任何污染源及潜在污染源。这里自然物种丰富，草原植物资源约560种，牧草多为优质牧草，一般每平方米牧草20余种，羊的饲养方式为完全纯天然放养（图6-2）。基地共有牧户25户，养殖规模7 300只羊，年出栏3 500只羊，养殖区域相连并均有网围栏圈护（图6-3），牧户均在各自的草场区域内养殖打草，放牧场、饮水点及棚圈等均在牧户草场区域内的开放空间。该地区牛羊放牧有饮水点，饮水点设施由当地政府提供，饮水点水源为50～80米深井水，饮水点处无其他设施，没有可能引起水源污染的污染物（图6-4）。牧户严格执行鄂温克旗相关基本草原保护、草畜平衡、禁牧休牧等制度。检查组经检查确认，环境检测项目为养殖用水。

图 6-2　环境调查

图 6-3　现场检查养殖场围栏情况

图 6-4　现场检查养殖用水

（三）品种来源及特性

欣绿洲公司申报的肉羊品种为呼伦贝尔羊（2002年9月由内蒙古自治区人民政府命名），是呼伦贝尔草原的著名品种之一。呼伦贝尔羊生长期发育快，尾短易配，母羊配种受胎率高，产肉性能优良，肉质好，肌间脂肪相对多且分布均匀，深受消费者和市场的欢迎。欣绿洲公司种畜来源为自繁自育，羊群之间进行自然繁殖。由于呼伦贝尔羊是在冬季漫长、无霜期短、枯草期长的大兴安岭以西的呼伦贝尔草原上，在严寒气候生态环境中终年放牧条件下选育而成，因此，其遗传性能稳定，抗寒暑、耐粗饲、对当地生态环境有很强的适应能力，善于行走采食，发病率低（图6-5）。

图6-5 呼伦贝尔草原上的呼伦贝尔羊

（四）饲料与饲料添加剂的使用及管理情况（主要风险点）

这个环节主要检查饲料配方与申请材料是否一致，检查每个养殖阶段饲料组成成分、比例、年用量及饲料原料来源与申请材料是否相符。现场调查了解到，呼伦贝尔羊是非常宜于草原放牧的家畜，其所需的营养主要来源于放牧过程中采食的牧草。哺乳期羔羊0～1月龄（每年3—4月）营养全部来自母乳，自由吮食。母乳中所含的营养成分比较全面，不需要补充微量元素和维生素便可满足羔羊生长发育的需要。哺乳期羔羊1～2月龄（每年4—5月）60%的营养来自母乳，自由吮食，同时，40%的营养来自柔嫩的青干草，让羔羊自由采食，青干草日食量为100克/头左右。3月龄（每年5—6月）以青草辅以母乳为营养来源，母乳占30%，青草占70%，日食青草1 000克左右，跟随母羊一同放牧。4～6月龄放牧辅以青草为营养来源。带羔母羊，除日常放牧外，另需日补充干草饲料1 000克左右，以保证哺乳期母羊奶水充足（图6-6）。

图6-6　现场检查母羊补充饲草情况

在冬季枯草期来临时，牧草的营养价值降低或遇到大风雪等不利于放牧的天气时，补充饲料以满足羊的营养需要。现已知当地草原的牧草饲料中钙和磷的含量分别是0.454%和0.297%，高于家畜所需饲料中最佳的钙和磷的含量，不需要额外补充钙和磷。羊日常所需的盐分全部来自当地的碱土，当地草原有非常丰富的碱土，含盐0.5%～0.6%，盐分组成以碳酸钠和碳酸氢钠为主，羊非常喜爱舔食，碱土不仅提供丰富盐分，还可以抗病虫（图6-7）。申请人每年组织3次，用铲车、运输车挖掘并运送碱土给各养殖户，同时运送一定数量的苇子，以确保养殖安全（图6-8）。

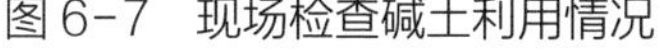

图6-7　现场检查碱土利用情况

图6-8　现场检查碱土运输情况

经核查，饲料加工设施设备为割草机、打捆机、运输车辆和铡草机。饲料配方除牧草外无其他添加，冬季需要应急饲草储备，储备量依据过冬羊数量而定，一般每只羊200千克。该申请人养殖场每年牧草加工量1 500吨左右，自己养殖用还有剩余。

检查中了解到，申请人还同部分牧户共建500m^{2}饲草储备库，储备库可以防风吹、日晒、雨淋。储备的饲草90%为干草，10%为青干草，因饲草呼吸、潮湿、发酵等原因饲草储备年损失10%左右。

（五）饲养管理

肉羊养殖周期6～9个月，接羔在每年2—3月，出栏在每年8—10月。检查员现场检查了接羔场所（图6-9）。夏季放牧早出牧时间为3:00—4:00，晚收牧时间为20:00—21:00。秋季放牧早出牧时间为5:00—6:00，晚收牧时间为21:00。春季和冬季放牧早出牧时间为7:00—8:00，晚收牧时间为15:00—16:00，放牧归来需要补充干草。检查中了解到，申请人有完善的符合绿色食品要求的饲养管理规范和饲养管理档案记录（图6-10）；主要饲养管理人员都经过市旗两级工作机构培训。

图6-9　现场检查接羔场所

图6-10　查阅文件与记录

（六）肉羊疾病防治（主要风险点）

强制免疫　明确牧户做好布鲁氏菌病、口蹄疫等重大动物疫病强制免疫的主体责任，配合鄂温克旗农牧部门开展好强制免疫工作。免疫工作的重点是对新出生羊按照疫苗使用要求进行免疫，以及对免疫抗体已过保护期的羊及时免疫。布鲁氏菌病、口蹄疫疫苗接种工作由鄂温克旗兽医站负责。经检查，申请人按照国家牛羊疫病相关要求，严格遵守鄂温克旗羊疫病防控管理，所有牧户的羊本养殖周期全部接种了布鲁氏菌病、口蹄疫疫苗，布鲁氏菌病疫苗接种时间2022年11月（每年一次），口蹄疫疫苗接种时间2023年5月一次（3月龄及以上），2023年11月还将接种一次。

环境卫生　搞好集中管理区环境卫生。对羊圈、羊舍等集中管理羊群的场地定期打扫卫生，清除的垃圾、粪污集中进行无害化处理。严格对进出集中管理区的人、车辆及物品进行消毒；对集中管理区的场地、圈舍及生产用具等进行定期消毒。现场检查应主要检查消毒用品是否符合绿色食品生产要求。检查中了解到，该养殖基地消毒主要包括圈舍消毒、羊圈外环境消毒和专用设备消毒。圈舍消毒：每天打扫羊舍，保持清洁卫生，料槽、水槽干净；圈舍内用过氧乙酸进行带畜消毒，或用3%氢氧化钠喷洒和刷洗墙壁、笼架、槽具、地面；对于密闭羊舍，可用甲醛熏蒸消毒。羊圈外环境消毒：羊圈外环境及道路定期进行消毒，填平低洼地，铲除杂草，灭鼠、灭蚊蝇等。专用设备消毒：生产区专用车每周消毒1次，用0.3%过氧乙酸溶液喷雾消毒；用具、器械、药品等物品要通过专门消毒后才能进入羊圈。图6-11为检查员检查羊圈舍卫生情况。

图6-11　现场检查羊圈舍卫生情况

兽药使用　检查组调查了解到，鄂温克旗当地养羊采用粗放式饲养管理，通过天然草场自繁自养，无转场到其他草场养殖情况，且饲养密度低，故很少发生疾病，主要病虫害为羊胃肠道寄生虫。秋末冬初草枯以前（10月至11月初）和春末夏初4月至5月初羊只抢青以前进行一次预防性驱虫，药物使用广谱高效低毒的伊维菌素制剂。经检查，申请人有兽药使用记录，使用兽药为伊维菌素，春秋各使用1次，兽药使用符合NY/T 472《绿色食品　兽药使用准则》和NY/T 473《绿色食品　畜禽卫生防疫准则》的要求。

无害化处理　妥善处置病死羊，发现异常发病的，及时就地隔离，尽早向当地农牧部门报告；对已死亡羊只，不得随意丢弃，必须及时交农牧部门或兽医部门统一用掩埋法处理。选择离羊场2 000米之外的无人区，找土质干燥、地势高、地下水位低的地方挖坑，坑底部撒上生石灰，再放入尸体，放一层尸体撒一层生石灰，最后填土夯实。

（七）对养殖过程进行风险评估

检查员对养殖过程进行风险评估是在现场材料收集、调查基础上进行，提前预判养殖过程是否有可能使用禁用物质、是否被生产区周围污染物污染、是否被生产区周围平行生产影响。风险评估主要包括饲料安全风险评估、兽药使用风险评估、饲草供应和草场过度养殖风险评估、养殖过程中对周边环境的污染及周边环境（包括平行生产）对养殖的污染风险评估等。

饲料安全风险评估　现场检查了解到，该地区饲料除母乳外全部来自天然草场牧草。牧草是自然生长，无人为干涉，羊不食用饲料添加剂。草场周边无任何农田，无工矿企业且远离公路和居民区。食用盐来自天然的碱土，饮用水来自草场深水井，因此饲料、饮水是安全的，牧草生长环境、饲料来源与成分等符合绿色食品要求。

兽药使用风险评估　养殖是在天然草场上进行，养殖空间非常大，养殖密度小，疫病很少发生，病虫害主要是来自土壤中的虫害，使用兽药为伊维菌素，春秋各使用1次驱虫。经查询，兽药使用符合NY/T 472《绿色食品　兽药使用准则》和NY/T 473《绿色食品　畜禽卫生防疫准则》的要求。基地牧户是强制免疫主体，积极履行强制免疫义务，主动配合鄂温克旗兽医站完成疫苗接种工作。集中管理区消毒合理并彻底。检查中发现由于鄂温克旗监督管理单位监督管理到位，集中管理区兽药使用安全、合理，符合绿色食品养殖要求。

饲草供应和草场过度养殖风险评估　肉羊采取纯天然放牧方式养殖，申请人的草场面积8.8万亩，每亩平均产干草110千克左右，除自家利用外，还有剩余饲草出售，饲草供应充足。申请人草场面积8.8万亩，饲养7 300只羊，放牧密度约为1.2羊单位/公顷草原，符合鄂温克旗草畜平衡养殖要求及绿色食品生产要求，无过度养殖风险。

养殖过程中对周边环境的污染及周边环境对养殖的污染风险评估　申请人养殖模式为纯天然放牧，养殖基地自然物种丰富，养殖空间广阔，方圆5千米范围内无任何工矿企业和居民区，养殖过程中对周边环境的污染较小。周边养殖场用钢丝网围栏全部围起，不能互通，均保持独立养殖空间，互相影响减小。

（八）总结会

会前沟通　召开总结会前，检查组内部交流了检查情况，形成了现场检查意见，并与该企业管理人员进行了充分沟通，对相关问题和制度标准进行了解释说明，双方达成共识。

通报结果　由检查组组长罗旭主持（图6-12）。检查组根据《绿色食品现场检查工作规范》，对欣绿洲公司肉羊养殖基地进行了现场检查，通报现场检查意见如下：该公司申报材料内容与实际情况一致，所提供材料真实有效。该公司各项养殖管理制度齐全，

图6-12　召开总结会，检查组反馈现场检查中发现的问题

涵盖了绿色食品相关要求，肉羊养殖技术规程符合绿色食品要求并能良好应用。草场满足养殖需要，养殖管理规范，养殖基地内环境良好，疾病防治符合绿色食品相关要求，且用药记录齐全准确。相关人员拥有相应资质。养殖基地现场检查合格。

问题反馈　针对生产资料仓库中物品摆放混乱、使用记录不规范的问题，检查组建议申请人进一步规范投入品的使用和管理，保持生产资料库环境整洁，投入品摆放整齐，同时进一步完善投入品使用记录，提高绿色食品质量管理水平。申请人对检查结果表示认同，承诺将按照检查组要求落实整改。

图6-13　现场检查结束，双方合影

签署文件　双方签署“绿色食品现场检查会议签到表”“绿色食品现场检查发现问题汇总表”等检查文件，结束本次现场检查（图6-13）。

（九）屠宰加工环节检查

（略）

四、现场检查报告及处理

现场检查结束后，检查组根据检查情况和收集的证据信息，总结形成“畜禽产品现场检查报告”。按期检查申请人整改落实情况，检查组组长判定合格后，将整改材料连同“畜禽产品现场检查报告”、现场检查照片、“绿色食品现场检查会议签到表”“绿色食品现场检查发现问题汇总表”等材料一同报送呼伦贝尔市农畜产品质量安全中心（内蒙古自治区农畜产品质量安全中心已授权）。呼伦贝尔市农畜产品质量安全中心根据检查组的现场检查结论，向申请人发出“绿色食品现场检查意见通知书”。相关现场检查材料由绿色食品工作机构整理归档，申请人留存。

五、绿色食品肉羊现场检查案例分析

羊肉是内蒙古的重要特产。内蒙古自治区被誉为“羊肉之都”，素有“中国羊肉看内蒙古”的行业地位。数据显示，内蒙古自治区羊肉产量多年位居全国第一，2017年全国羊肉产能467.5万吨，其中内蒙古自治区羊肉产能约104.1万吨，占全国的23%。内蒙古自治区羊肉肉质鲜美、品质出众，又有自己独特的烹饪方式，深受广大消费者喜爱。

呼伦贝尔市是内蒙古自治区优质肉羊的重要产区，也是内蒙古自治区重要的“绿色农畜产品生产加工输出基地优势区”。肉羊产业是呼伦贝尔的传统优势产业，也是呼伦贝尔农牧业的支柱产业，目前畜牧业结构呈现出“一羊独大”的局面。同时，羊肉也是呼伦贝尔人民的主要食物，在当地人们心目中具有举足轻重的地位。

（一）熟悉专业知识，合理确定现场检查时间

检查员需要详细阅读申请材料内容，熟悉绿色食品畜禽养殖相关标准及要求，同时学习国家、内蒙古自治区和鄂温克旗关于草畜

平衡的相关规定，了解适宜载畜量及最大养殖羊单位数量。根据当地纯天然放养养殖特点，即4月草地开始返青，5月进入放牧的黄金季节，确定5—8月是进行肉羊养殖现场检查的最好时间。

（二）枯草期的饲养难，解决饲草不足的问题

呼伦贝尔羊的养殖，在冬季枯草期，羊群仅靠放牧很难满足其营养需要，养殖户适宜实行半日放牧、半日补饲。这样，既可以减少体力消耗，又有利于保膘、增膘。绿色食品羊的养殖过程中，受饲草与饲料数量的限制，影响了养殖规模的进一步扩大。在绿色食品现场检查时应重点关注枯草期饲料的来源是否符合绿色食品相关规定。

（三）合理组织羊群，解决羊羔断奶后的膘情差的问题

羔羊断奶后的膘情是养羊中的关键环节，及时分群，合理组织羊群，既方便对羊群的管理，又能提高呼伦贝尔羊的生产能力。对于采食能力不足的羔羊群，要夜饲补充揉碎切短的青干草。

（四）提高绿色食品生产技术水平和全程质量控制能力的建议

加大科技投入力度，走生态畜牧业道路　引进牧草深加工处理技术，提高对天然牧草的利用率；加强基础设施建设，提高羔羊成活率、出栏率，彻底摆脱靠天养羊的饲养方式；引进羊群饮温水实用技术，保持羊的膘情，增强羊只抗旱能力。

将资源优势转化为经济优势，打造呼伦贝尔羊区域公用品牌
充分利用网络、电视、报刊等媒体加大对呼伦贝尔羊区域公用品牌的宣传力度。正确引导更多消费者绿色消费、可持续消费和安全消费，突出绿色食品“保护生态环境，产品优质安全，经济效益显著”的特点，使更多企业参与到绿色食品事业中来。

供稿　呼伦贝尔市农畜产品质量安全中心　罗旭、陈伟

附件　畜禽产品现场检查报告（节选）

附件　畜禽产品现场检查报告（节选）

CGFDC-JG-06/2022

畜禽产品现场检查报告

<table>
<tr><td colspan="3">申请人</td><td colspan="4">呼伦贝尔欣绿洲民族食品有限公司</td></tr>
<tr><td colspan="3">申请类型</td><td colspan="4">☑初次申请　☐续展申请　☐增报申请</td></tr>
<tr><td colspan="3">申请产品</td><td colspan="4">分割羊肉、羔羊肉、羔羊排、羔羊前腿、羔羊肉卷、羔羊后腿包</td></tr>
<tr><td colspan="3">检查组派出单位</td><td colspan="4">内蒙古自治区绿色食品发展中心</td></tr>
<tr><td rowspan="5">检查组</td><td rowspan="2">分工</td><td rowspan="2">姓名</td><td rowspan="2">工作单位</td><td colspan="3">注册专业</td></tr>
<tr><td>种植</td><td>养殖</td><td>加工</td></tr>
<tr><td>组长</td><td>罗旭</td><td>呼伦贝尔市农畜产品质量安全中心</td><td>√</td><td>√</td><td>√</td></tr>
<tr><td rowspan="2">成员</td><td>陈伟</td><td>呼伦贝尔市农畜产品质量安全中心</td><td>√</td><td>√</td><td>√</td></tr>
<tr><td></td><td></td><td></td><td></td><td></td></tr>
<tr><td colspan="3">检查日期</td><td colspan="4">2023年5月8日</td></tr>
</table>

中国绿色食品发展中心

注：标 ※ 内容应具体描述，其他内容做判断评价。

一、基本情况

序号	检查项目	检查内容	检查情况描述
1	基本情况	（略）	
2	养殖基地及产品情况	※简述养殖基地（牧场/养殖场）地址、面积（具体到村）	养殖场位于鄂温克旗辉苏木、北辉苏木及伊敏苏木（三苏木草原相连），草原养殖场8.8万亩
		※简述生产组织形式［自有基地、基地入股型合作社、流转土地、公司+合作社（农户）等］	生产组织形式为公司+牧户
		基地/农户/社员/内控组织清单是否真实有效?	是
		※简述畜禽品种及规模	肉羊品种为呼伦贝尔羊，养殖规模7 300只，年出栏3 500只
		饲养方式	☑完全草原放牧 ☐半放牧半饲养 ☐农区养殖场
		※简述养殖周期	企业申报的产品为羔羊肉产品，羔羊养殖周期为6～9个月
		养殖规模是否超过当地规定的载畜量?	否
		基地位置图、养殖场所布局平面图与实际情况是否一致?	是，一致
3	委托生产情况	饲料如涉及委托种植，是否有委托种植合同（协议）？是否有区别生产管理制度?	不涉及
		畜禽如委托屠宰加工，是否有委托屠宰加工合同（协议）？是否有区别生产管理制度?	不涉及

二、质量管理体系

4	质量控制规范	（略）	
5	生产操作规程	是否包括品种来源、饲养管理、疾病防治、场地消毒、无害化处理、畜禽出栏、产品收集、包装、储藏、运输规程等内容?	是
		是否科学、可行，符合生产实际和绿色食品标准要求?	是
		相关制度和规程是否在基地内公示并有效实施?	否
6	产品质量追溯	是否有产品内检制度和内检记录?	是
		是否有产品检验报告或质量抽检报告?	是
		※简述产品质量追溯体系主要内容	肉羊质量追溯体系内容主要包括基地位置、牧户姓名、羊品种、草场面积、饲草饲料、疾病防治措施等
		是否保存了能追溯生产全过程的上一生产周期或用标周期（续展）的生产记录?	是
		记录中是否有绿色食品禁用的投入品?	否
		是否具有组织管理绿色食品生产和承担追溯责任的能力?	是

三、养殖基地环境质量

7	养殖基地环境	※简述养殖基地（牧场/养殖场）地址、地形地貌	养殖基地位于鄂温克旗辉苏木、北辉苏木及伊敏苏木。这里自然物种丰富，多年生草本植物是组成当地草原植物群落的基本生态特征，草原植物资源约560种，牧草多为优质牧草，每平方米牧草20余种
		※简述生态养殖模式	本地区采用粗放式饲养管理方式，自繁自养，完全草原放牧
		※简述生态环境保护措施	严格执行鄂温克旗出台的生态环境保护相关措施，禁止开荒、过度放牧，鄂温克旗相关单位派专人不定期进行督查
		养殖基地是否距离公路、铁路、生活区50米以上，距离工矿企业1千米以上？	是
		是否建立生物栖息地？应保证养殖基地具有可持续生产能力，不对环境或周边其他生物产生污染？	是，养殖户严格执行鄂温克旗相关基本草原保护、草畜平衡、禁牧休牧等制度
		是否有保护基因多样性、物种多样性和生态系统多样性，以维持生态平衡的措施？	是，鄂温克旗制定了基本草原保护、草畜平衡、禁牧休牧等制度，鄂温克旗相关部门不定期进行巡查
		养殖场区是否有明显的功能区划分？	是
		养殖场各功能区布局设计是否合理？	是
		养殖场各功能区是否进行了有效的隔离？	是

7	养殖基地环境	※简述养殖场区入口处消毒方法	羊圈入口处定期用2%氢氧化钠溶液或生石灰消毒，对进入养殖场区的相关人员和相关车辆进行消毒
		是否有良好的采光、防暑降温、防寒保暖、通风等设施?	是
		是否有畜禽活动场所和遮阴设施?	是
		是否有清洁的养殖用水供应?	是
		是否有与生产规模相适应的饲草饲料加工与储存设备设施?	是
		是否有配备了疫苗冷冻（冷藏）设备、消毒和诊疗等防疫设备的兽医室或者有兽医机构为其提供相应服务?	由鄂温克旗农牧局兽医部门上门服务
		是否有与生产规模相适应的病死畜禽和污水污物无害化处理设施?	是，病死肉羊及时交相关部门处理
		是否有相对独立的隔离栏舍?	是
		养殖场是否配备防鼠、防鸟、防虫等设施?	否
		※简述养殖场卫生情况	完全草原放牧，养殖场空间较大，除肉羊及养殖人员外，其他人员很少进入，养殖区卫生状况良好

8	畜禽养殖用水	※简述畜禽养殖用水来源	地下深井水
		是否定期检测？检测结果是否合格？	定期检测，有检测合格报告
		是否有引起水源污染的污染物并说明及其来源？	否
9	环境检测项目	空气	□检测
			☑散养、放牧区域空气免测
			□提供了符合要求的环境背景值
			□续展产地环境未发生变化，免测
		土壤	□检测
			☑畜禽产品散养、放牧区域土壤免测
			□续展产地环境未发生变化，免测
			□不涉及
		畜禽养殖用水	☑检测
			□提供了符合要求的环境背景值
			□续展产地环境未发生变化，免测
			□不涉及

四、畜禽来源

10	外购	※简述外购畜禽来源	不外购
		是否有外购畜禽凭证？	不外购
		是否符合绿色食品养殖周期要求？	不外购
11	自繁自育	繁殖方式（自然繁殖/人工繁殖/人工辅助繁殖）	养殖户羊群之间进行自然交配繁殖
		※简述种苗培育规格、培育时间	每年2—3月接羔

五、畜禽饲料及饲料添加剂

12	饲料组成	※简述各养殖阶段饲料及饲料添加剂组成、比例、年用量	羔羊0～1月龄：100%以母乳为营养来源，自由吮食 羔羊1～2月龄：60%母乳，自由吮食，40%柔嫩的青干草，日食青干草100克左右 羔羊3月龄：母乳30%，青草70%，日食青草1 000克左右 羔羊4～6月龄：放牧辅以青草为营养来源，自由采食，日食青草2 000克左右 带羔母羊：除日常放牧外，另每日补充干草饲料1 000克左右，以保证哺乳期母羊奶水充足 钙和磷：当地草原的牧草饲料中钙和磷的含量分别是0.454%和0.297%，高于家畜所需饲料中最佳的钙和磷含量，不需要额外补充钙和磷 食盐：羊日常所需的盐分全部来自当地的碱土，当地草原有非常丰富碱土，含盐0.5%～0.6%，盐分组成以碳酸钠和碳酸氢钠为主，羊非常喜爱舔食，碱土不仅提供丰富盐分，还可以抗病虫
		※简述预混料组成及比例	不使用预混料
		※简述饲料添加剂成分	不使用饲料添加剂
		饲料及饲料添加剂是否符合NY/T 471中的规定？	是

13	外购饲料	饲料原料来源	□绿色食品 □绿色食品生产资料 □绿色食品原料标准化生产基地 其他：不外购饲料
		购买合同（协议）及发票是否真实有效?	不外购饲料
		购买合同（协议）期限是否涵盖一个用标周期?	不外购饲料
		购买合同（协议）购买量是否能够满足生产需求量?	不外购饲料
		饲料包装标签中名称、主要成分、生产企业等信息是否与合同（协议）一致?	不外购饲料
14	自种饲料	是否符合种植产品现场检查要点相关要求?	饲草来自按照绿色食品生产方式管理的草场
		自种饲料产量是否满足生产需要?	是
15	饲料加工	※简述加工工艺	割草机收割打捆—铡草机铡草—喂食
		加工工艺、设施设备、配方和加工量是否满足生产需要?	是
		是否建立完善的生产加工制度?	是
		是否使用抗病、抗虫药物、激素或其他生长促进剂等药物添加剂?	否

六、饲养管理

16	饲养管理	绿色食品养殖和常规养殖之间是否具有有效的隔离措施，或严格的区分管理措施？	是
		纯天然放牧养殖的畜禽其饲草面积，放牧期饲草产量是否满足生产需求量？	是
		是否存在补饲？	带羔母羊：除日常放牧外，每日补充干草饲料1 000克左右，以保证哺乳期母羊奶水充足
		补饲所用饲料及饲料添加剂是否符合绿色食品相关要求？	补饲所用饲料均是青干草，无其他添加
		畜（禽）圈舍是否配备采光通风、防寒保暖、防暑降温、粪尿沟槽、废物收集、清洁消毒等设备或措施？	是
		是否根据不同性别、不同养殖阶段进行分舍饲养？	否
		是否提供足够的活动及休息场所？	是
		幼畜是否能够吃到初乳？	是
		幼畜断奶前是否进行补饲训练？	是
		幼畜断奶前补饲所用饲料是否符合绿色食品相关要求？	是
		在一个生长（或生产）周期内，各养殖阶段所用饲料是否符合绿色食品相关要求？	是
		是否具有专门的绿色食品饲养管理规范？	是
		是否具有饲养管理相关记录？	是
		饲养管理人员是否经过绿色食品生产管理培训？	是
		饲料、饮水、兽药、消毒剂等是否符合绿色食品相关要求？	是

七、消毒和疾病防治

17	消毒	生产人员进入生产区是否有更衣、消毒等制度或措施？	是
		※简述非生产人员出入生产区管理制度	羊圈入口处定期用2%氢氧化钠溶液或生石灰消毒，对进入养殖场区相关人员和相关车辆进行消毒
		※简述消毒对象、消毒剂、消毒时间、使用方法	①圈舍消毒：每天打扫羊舍，保持清洁卫生，料槽、水槽干净；圈舍内用过氧乙酸做带畜消毒，或用3%氢氧化钠喷洒并刷洗墙壁、笼架、槽具、地面；对于密闭羊舍，可用甲醛熏蒸；②羊圈外环境消毒：羊圈外环境及道路定期用2%氢氧化钠溶液或生石灰消毒；填平低洼地，铲除杂草，灭鼠、灭蚊蝇等。③专用设备消毒：生产区专用车辆每周消毒1次，用0.3%过氧乙酸溶液喷雾消毒；用具、器械、药品等物品要经过专门消毒后才能进入羊圈
		※简述消毒制度或消毒措施的实施情况	定期进行消毒，实施情况较好
		是否有消毒记录？	是
18	疾病防治	※简述当地常规养殖发生的疾病及流行程度	鄂温克旗当地羊全部自繁，全部在自家草场养殖，无转场到其他草场养殖情况且饲养密度低，故疾病很少发生，主要病虫害为羊胃肠道寄生虫。在秋末冬初（10月至11月初）草枯以前和春末夏初（4月至5月初）羊只抢青以前进行一次预防性驱虫，药物使用广谱高效低毒的伊维菌素制剂

18	疾病防治	※简述畜禽引入后采用何种措施预防疾病发生	羊全部自繁
		※简述本养殖周期免疫接种情况（疫苗种类、接种时间、次数）	布鲁氏菌病、口蹄疫疫苗接种工作由鄂温克旗兽医站负责。疫苗接种是强制进行，养殖场是强制免疫主体，必须履行强制免疫义务，主动配合鄂温克旗兽医站完成疫苗接种工作。本养殖周期接种了布鲁氏菌病、口蹄疫疫苗，布鲁氏菌病疫苗接种时间是2022年11月（每年一次），口蹄疫疫苗接种时间是2023年5月一次（3月龄及以上），2023年11月还将进行一次
		※简述本养殖周期疾病发生情况，使用药物名称、剂量、使用方法、停药期	防治寄生虫，10月至11月初一次，4月至5月初一次，药物使用广谱高效低毒的伊维菌素制剂
		所使用的兽药是否取得国家兽药批准文号？是否按照兽药标签的方法和说明使用？	是
		是否有兽药使用记录？	是
		是否有使用禁用药品的迹象？	否

八、活体运输及动物福利

19	活体运输	※简述采用何种工具运输，包括运输时间、运输方式、运输数量、目的地等	汽车运输，时间为8月25日至10月20日，出栏3 500只。汽车运输到申请人屠宰加工厂

19	活体运输	是否具有与常规畜禽进行区分隔离的相关措施及标识?	无常规羊
		装卸及运输过程是否会对动物产生过度应激?	否
		运输过程是否使用镇静剂或其他调节神经系统的制剂?	否
20	动物福利	是否供给畜禽足够的阳光、食物、饮用水、活动空间等?	是
		是否进行过非治疗性手术（断尾、断喙、烙翅、断牙等）?	否
		是否存在强迫喂食现象?	否

九、畜禽出栏或产品收集

21	畜禽出栏	※简述畜禽出栏时间	时间为每年8月25日至10月20日
		※简述质量检验方法	送定点检测机构检测
22	禽蛋及生鲜乳收集	※简述产品清洗、除杂、过滤等处理方式	不涉及
		※简述收集场所的位置、周围环境	不涉及
		※简述收集场所的卫生制度及实施情况	不涉及
		※简述所用的设备及清洁方法	不涉及
		※简述清洁剂、消毒剂种类和使用方法，如何避免对产品产生的污染?	不涉及
		※简述所用设备绿色食品与非绿色食品区别管理制度	不涉及

十、屠宰加工

23	屠宰加工	屠宰加工厂所在位置、面积、周围环境与申请材料是否一致？	是
		※简述厂区卫生管理制度及实施情况	厂区有卫生管理制度，有专人负责卫生工作，厂区道路全部硬化且平整，厂区内有废弃物暂存设施并及时处理，加工区有良好水源，使用后污水排入污水井由市政专车抽取处理
		待宰圈设置是否能够有效减少对畜禽的应激？	是
		是否具有屠宰前后的检疫记录？	是
		※简述不合格产品处理方法及记录	不合格产品作为废弃物及时交给鄂温克旗相关部门处理
		※简述屠宰加工流程	活羊接收—宰前检验—待宰圈—宰杀—放血去头—宰后检验—去蹄—剥羊皮—去内脏—宰后检验—称重—冲洗—排酸—剔骨分割—包装—称重—速冻—入库
		※简述加工设施与设备的清洗措施与消毒情况	紫外线杀菌，或用热水浸泡30分钟，或使用食品级次氯酸钾喷雾30分钟
		※简述所用设备绿色食品与非绿色食品区别管理制度	全部申报绿色食品
		加工用水是否符合NY/T 391要求？	是
		屠宰加工过程中污水排放是否符合GB 13457的要求？	是

十一、包装及储运

<table>
<tr><td rowspan="7">24</td><td rowspan="7">包装材料</td><td>※简述包装材料、来源</td><td>购买食品级塑料</td></tr>
<tr><td>※简述周转箱材料及清洁情况</td><td>不使用周转箱</td></tr>
<tr><td>包装材料选用是否符合NY/T 658标准要求?</td><td>是</td></tr>
<tr><td>是否使用聚氯乙烯塑料?直接接触绿色食品的塑料包装材料和制品是否符合以下要求:未含有邻苯二甲酸酯、丙烯腈和双酚A类物质;未使用回收再用料等</td><td>否</td></tr>
<tr><td>纸质、金属、玻璃、陶瓷类包装性能是否符合NY/T 658标准要求</td><td>不使用纸质、金属、玻璃、陶瓷类包装</td></tr>
<tr><td>油墨、贴标签的黏合剂等是否无毒,是否直接接触食品?</td><td>是,不直接接触食品</td></tr>
<tr><td>是否可重复使用、回收利用或可降解?</td><td>是</td></tr>
<tr><td rowspan="4">25</td><td rowspan="4">标志与标识</td><td>是否提供了含有绿色食品标志的包装标签或设计样张?(非预包装食品不必提供)</td><td>是</td></tr>
<tr><td>包装标签标识及标识内容是否符合GB 7718、NY/T 658标准要求?</td><td>是</td></tr>
<tr><td>绿色食品标志设计是否符合《中国绿色食品商标标志设计使用规范手册》要求?</td><td>是</td></tr>
<tr><td>包装标签中生产商、商品名、注册商标等信息是否与上一周期绿色食品标志使用证书中一致?(续展)</td><td>新申报,不涉及</td></tr>
</table>

26	生产资料仓库	是否与产品分开储藏?	是
		※简述卫生管理制度及其执行情况	有卫生管理制度。管理制度要求生产资料仓库卫生清洁，无霉斑、无鼠迹、无苍蝇，库内通风良好，物品摆列整齐，不能存放任何有毒有害物品和个人物品，定期清扫。执行情况良好
		绿色食品与非绿色食品使用的生产资料是否分区储藏,区别管理?	全部申报绿色食品
		※是否储存了绿色食品生产禁用物？禁用物如何管理?	否
		出入库记录和领用记录是否与投入品使用记录一致?	是
27	产品储藏仓库	周围环境是否卫生、清洁，远离污染源?	是
		※简述仓库内卫生管理制度及执行情况	成品冷库中存放，有冷库卫生管理制度。冷库24小时有人值班，对冷库内部情况进行监控和记录，冷库分类储存，储存前认真检查包装，每天检查卫生死角并及时清理冷库中冰水、油污等
		※简述储藏设备及储藏条件，是否满足食品温度、湿度、通风等储藏要求?	申请人有产品储藏冷库8个，冷库能储藏产品800吨。冷库能满足羊肉对温度、湿度等储藏条件的要求

27	产品储藏仓库	※简述堆放方式，是否会对产品质量造成影响？	木架打底，上面垛码成品，成品垛码10层，不会对产品质量造成影响
		是否与有毒、有害、有异味、易污染物品同库存放？	否
		※与同类非绿色食品产品一起储藏的如何防混、防污、隔离？	全部申请绿色食品，无非绿色食品产品
		※简述防虫、防鼠、防潮措施，使用的药剂种类、剂量和使用方法是否符合NY/T 393规定？	产品库为冷库，每天人工清理积水积冰。生产资料仓库每天通风防潮，同时安装防鼠板、防蝇网，不使用药物进行防虫、防鼠、防潮
		是否有设备管理记录？	是
		是否有产品出入库记录？	是
28	运输管理	采用何种运输工具？	汽车运输
		※简述保鲜措施	不需要保鲜
		是否与化肥、农药等化学物品及其他任何有害、有毒、有气味的物品一起运输？	否
		铺垫物、遮垫物是否清洁、无毒、无害？	是
		※运输工具是否同时用于绿色食品和非绿色食品？如何防止混杂和污染？	绿色食品产品用专门运输工具运输
		※简述运输工具清洁措施	高压清水冲洗
		是否有运输过程记录？	是

十二、废弃物处理及环境保护措施

29	废弃物处理	※污水、畜禽粪便、病死畜禽尸体、垃圾等废弃物是否及时、无害化处理？简述无害化处理方式	是。厂区内有废弃物暂存设施并及时处理，加工区有良好水源，使用后污水排入污水井由市政专车抽取处理。病羊的尸体交当地兽医部门统一处理。兽医部门用掩埋法处理。在离羊场2 000米之外的无人区，找土质干燥、地势高、地下水位低的地方挖坑，坑底部撒上生石灰，再放入尸体，放一层尸体撒一层生石灰，最后填土夯实
		废弃物存放、处理、排放是否符合国家相关标准？	是
30	环境保护	※如果造成污染，采取了哪些保护措施？	不涉及

十三、绿色食品标志使用情况（仅适用于续展）

（略）

十四、收获统计

※畜禽名称	※养殖规模（头/只/羽）	※养殖周期（日龄/月/年）	※预计年产量（吨）
呼伦贝尔羊	7 300只	6～9个月	219吨

绿色食品牛肉现场检查案例分析

——以阳信亿利源清真肉类有限公司为例

一、案例介绍

阳信亿利源清真肉类有限公司（以下简称亿利源公司）创建于2004年4月，位于山东省滨州市阳信县，注册资本1.32亿元，是一家集优质牧草种植、饲料研发、肉牛繁育、有机肥加工、牛肉及牛副产品深加工、牛肉溯源研发、冷链物流配送等为一体的农业产业化国家重点龙头企业。养殖场占地440亩，肉牛年存栏量1.7万头，年出栏量1.3万头，年加工生产冷冻牛肉4 000吨，年销售额达97 666万元。多年来，亿利源公司积极探索和创新肉牛生产模式，通过“土地流转—粮改饲—牛过腹—有机肥还田”模式，形成区域高效生态循环畜牧业。亿利源公司引进先进的5G技术，通过应用大数据、物联网、人工智能等技术，建成国内首家运用5G技术建立的数字化牧场，实现了肉牛全过程生产信息化管理、供应链金融互联网服务化、肉产品质量追溯等功能，构建了从育种到餐桌的数智化全产业链生态体系。2007年“yiliyuan+图形”牌冷冻牛肉首次被认证为绿色食品，2020年5月，亿利源公司获得全国“最美绿色食品企业”称号，同时还获得“中国驰名商标”“山东老字号”“中国十佳企业牛肉品牌”等荣誉。2021年，“亿利源”品牌入选中国品牌价值信息榜单，品牌强度指数为748，品牌价值为6.5亿元。2022年，亿利源公司入选首届山东省农业产业化“头部企业”。

二、现场检查准备

（一）检查任务

亿利源公司于2022年7月3日向山东省绿色食品发展中心提出绿色食品标志使用续展申请，申请产品为冷冻牛肉，年产量4 000吨。按照《绿色食品标志管理办法》等相关规定，经审查，申请人相关材料符合要求，由山东省绿色食品发展中心于2022年7月5日正式受理，向申请人发出“绿色食品申请受理通知书”，同时计划安排现场检查。

（二）检查人员

山东省绿色食品发展中心派出检查组，检查组成员如下。

组长：滨州市农业技术推广中心　高级检查员　赵永红

组员：阳信县农业农村局　检查员　刘志丹

组员：滨州市农业技术推广中心　实习检查员　王世仙

（三）检查时间

根据《绿色食品现场检查工作规范》要求，应选择饲料原料、养殖和牛肉生产过程中易发生质量安全风险的阶段进行现场检查，确保种植、养殖和加工环节检查环节全覆盖。结合企业生产安排，检查组定于2022年7月20日对亿利源公司实施绿色食品冷冻牛肉现场检查。山东省绿色食品发展中心于2022年7月12日向申请人发出“绿色食品现场检查通知书”，申请人签收确认。

（四）检查内容

现场检查前，检查组成员审核“绿色食品标志使用申请书”“种植产品调查表”“畜禽产品调查表”“加工产品调查表”、种植规程、养殖规程、屠宰加工规程、质量管理手册、基地证明材料、饲料购销合同、生产记录、养殖记录、加工记录等，了解续展申请人和申报产品基本情况，制订详细的现场检查计划。依据绿色食品标准规范，检查组现场检查时对申请人的基本情况和质量管理体系运行情况、产地环境、畜禽来源、饲料使用、饲养管理、消毒和疾病防控、畜禽出栏、屠宰加工、废弃物处理、包装和储运等实际生产情况与申请材料的一致性、合规性进行现场核实。

三、现场检查实施

图 7-1　检查人员来到企业

2022年7月20日，检查组到达亿利源公司（图7-1）。

（一）首次会议

首次会议在亿利源公司会议室召开，检查组成员以及公司负责人、种植基地负责人、养殖基地负责人、品控部部长（绿色食品内检员）、生产部技术员、仓库管理员、饲养员等参会。会议由检查组组长主持。检查组向申请人了解企业生产经营状况以及绿色食品饲料原料种植、肉牛养殖、质量管理等相关情况（图7-2）。

图 7-2　首次会议

（二）饲料种植环节检查

按照绿色食品标准和管理要求，申请人自建饲料原料（青贮玉米）种植基地2.215万亩，基地位置为阳信县信城街道西程村、刘货郎村，金阳街道沈家庵村。检查组重点检查了产地环境、肥料来源、病虫害防治、基地组织模式、收获产量等环节（图7-3）。

图7-3 检查饲料原料（青贮玉米）基地

产地环境 产地远离城区和交通主干线，生物资源种类丰富，生态环境良好。基地与常规农田有大树或水沟作为隔离带，灌溉水来源为地下水，水样定期检测，周边无污染源；基地及周边无农药、肥料包装等废弃物。检查组对照申请材料描述的基地位置和基地环境，现场核实续展环境条件未发生变化，土壤、空气、灌溉水免测。

肥料来源 基肥厩肥来自亿利源公司养殖场，在基地场院内堆制30天以上，发酵温度达65℃以上，亩施有机肥3 000千克。追肥使用三元复合肥和尿素，经核算，无机氮素用量不高于当季作物需求量一半。

病虫害防治 主要采用选用抗虫品种，及时清理基地内及周边杂草，限制害虫活动范围，翻耕、清除杂草上的虫卵和幼虫，释放赤眼蜂等农业、生物防控措施；化学防控方法为使用250克/升吡唑醚菌酯乳油剂防治大斑病，使用40%辛硫磷乳油剂灌心叶防治玉米螟，防治效果良好。

基地组织模式 采取“公司+农户”模式，肥料、农药等投入品由亿利源公司统一购买和分配，随机访问生产农户，玉米种植过程严格按照绿色食品玉米生产操作规程执行。

收获统计 每年玉米与秸秆产量共66 450吨，完全满足饲料组成中青贮饲料的用量。

（三）肉牛养殖环节检查

检查组对养殖基地环境、种畜来源、饲料来源、饲养管理、疫病防治、废弃物处理等全部养殖环节实施现场检查，检查过程中进行随机访问和风险评估。

1. 养殖基地环境

周边环境检查 养殖基地位于黄河三角洲冲积平原，地势平坦，远离医院、工矿区和公路铁路干线，生态环境良好。饲养方式为农区养殖场，养殖区与周边有围墙进行物理隔离（图7-4）。

养殖场功能区设置 生活区、生产和饲料区、生产辅助区、污物处理区和病牛养殖区布局合理，且相互隔离。同时，饲养区、生活区布置在场区的上风处，贮粪场和污水处理池布置在场区的下风处，布局合理。

养殖硬件设施与条件 养殖场大门口通道地面有消毒池，圈舍使用的建筑材料和生产设备对人或畜禽无害，肉牛运动场地较为开阔，牛舍定期消毒，干净卫生，配有音乐、按摩、温控设施，有利于肉牛健康生长。养殖区域内无污染源及潜在污染源。

图7-4 养殖场环境

养殖用水　养殖用水来源于自来水，查阅水质检验记录，无可能引起水源污染的污染源。

检测项目　如为初次申报，应检测畜舍区空气、养殖用水。该案例为续展企业，经检查组检查确认，续展环境条件未发生变化，环境项目免测。

2. 种畜来源

养殖场养殖规模17 000头，养殖周期20～24个月。主要品种为西门塔尔牛、鲁蒙黑牛（图7-5）。亿利源公司与吉林大学、山东农业科学院进行产学研合作，建立繁育基地，利用传统杂交技术和现代分子技术对肉牛进行改良繁育，不从外地引种。

图7-5　鲁蒙黑牛

3. 饲料及饲料添加剂

根据申请人提供的申请材料并经现场核实，饲料及饲料添加剂是由青贮玉米、麸皮、预混料和食盐组成。青贮饲料是申请人按照绿色食品标准组织生产和管理获得的饲料原料，占饲料总量的95%以上，麸皮、预混料和食盐通过签订合同购买，其中麸皮来源为绿色食品获证产品的副产品，符合NY/T 471《绿色食品　饲料及饲料添加剂使用准则》的要求。

外购饲料　主要检查外购饲料供应方资质证明材料、购买合同及发票、储运及出入库记录等，重点对饲料（原料）及添加剂等来源的原始票据和使用记录等档案进行逐项核查，确保饲料购买的真实性以及购买量充足。经检查，麸皮为绿色食品企业山东玉杰面粉有限公司提供，有其提供的绿色食品证书复印件，证书中产量可以满足实际购买量；肉牛5%复合预混料为北京大北农科技集团股份有限公司提供，预混料配方中各组成成分符合绿色食品标准要求（图7-6）；食盐为阳信县盐业有限责任公司提供，其为阳信县食盐定点销售单位。检查员查看了外购饲料相关购买合同，核查了上一用标周期购买票据，确认购买量能满足生产需求（图7-7）。

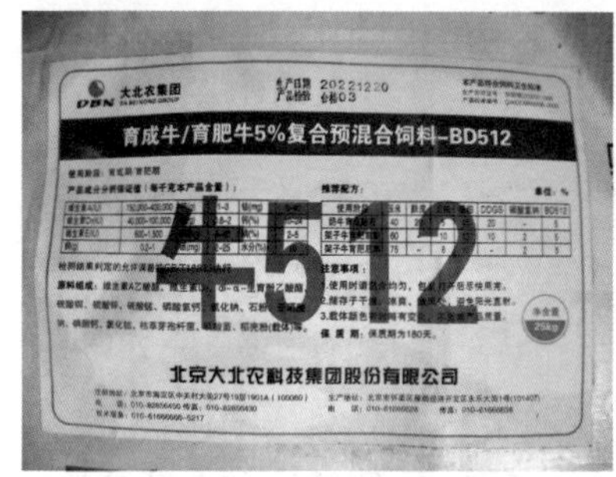

图7-6　预混料标签

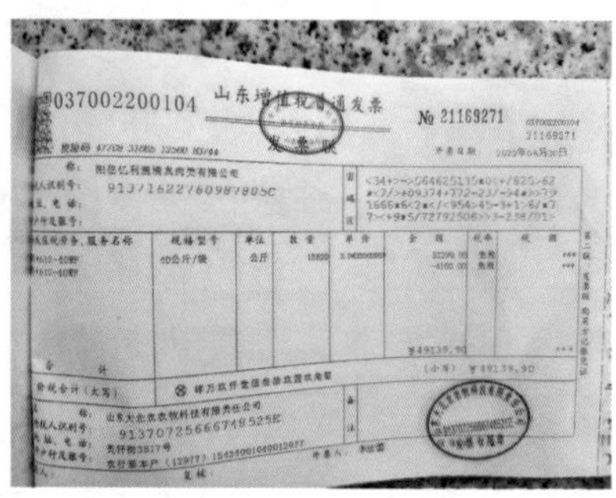

图7-7　购买预混料发票

饲料加工　主要检查了饲料加工工艺、设施设备、饲料配方、加工量及加工记录等。饲料加工流程：原料检验（玉米青贮料、预混料、麸皮、食盐）—混合料加工（预混料、麸皮、食盐）—饲料混合搅拌（玉米青贮料、混合料）—饲喂。有专门的加工车间，经查阅记录，观察现场使用痕迹，确定亿利源公司饲料加工所用方法、设备等与申报材料相符，饲料配方和加工量可以满足生产需要，未发现添加激素、药物饲料添加剂或其他生长促进剂，符合绿色食品相关标准要求。

4. 投入品库房

生产资料库房　绿色食品生产资料有专门的仓库存放。绿色食品生产资料库存有三元复合肥、尿素、40%辛硫磷乳油、250克/升吡唑醚菌酯乳油等，与实际生产中使用的投入品一致，所用农药均已在玉米上登记，未发现绿色食品禁用的投入品。检查员访问了库房管理员并查阅了生产资料购买、出入库记录，确认生产资料须由内检员签字确认才能购买。

饲料（草）仓库 饲料原料有单独的库房存放；青贮玉米、麸皮、预混料、食盐具有其应有的色、嗅、味和组织形式，来源和质量符合绿色食品要求。青贮饲料存放条件良好，建有专用砖混结构的青贮池（图7-8）；饲料仓库和青贮池条件及规模完全满足绿色食品肉牛养殖的需要；检查中未发现同源动物源饲料，未发现含有激素、药物类饲料添加剂或其他生长促进剂的存放和使用痕迹。

图 7-8 检查青贮池

5. 饲养管理

申请人饲养方式为农区养殖场，肉牛全生育期按照绿色食品标准和管理要求饲养，无平行生产。养殖场建有隔离牛舍、饲槽、水槽、牛舍，牛舍内部安装了照明、通风、防暑降温、防寒保暖、粪尿沟槽、废弃物收集等设备，定期消毒。养殖过程中肉牛可以听音乐、做按摩、吹风扇等，有充足的阳光、食物、饮用水、活动空间等，拥有良好的养殖福利环境。无强迫喂食情况（图7-9）。

图 7-9 检查肉牛养殖过程

犊牛的饲养 犊牛尽量自然分娩，减少助产。犊牛出生后喂初乳，喂奶量、乳温、持续时间根据实际情况由养殖场兽医决定。7～10天后，训练犊牛采食，以青贮玉米（干燥新鲜）为主，可适当增加麸皮、预混料、食盐。对新生犊牛进行称重登记、打耳标，把信息录入牧场大数据管理平台。犊牛的饲养时间为第0～6个月。

架子牛的饲养 分群管理，保证营养，每天两次投喂。饲料组成为青贮玉米、食盐、麸皮、预混料，养殖期间为牛提供饲养福利措施，保持牛舍干净，定期消毒、驱虫、口蹄疫免疫。架子牛的饲养时间为第7～18个月。

育肥牛的饲养 分群管理保证营养，每天两次投喂。饲料组成为青贮玉米、麸皮、预混料、食盐，可适当增加食盐比例。养殖期间为牛提供饲养福利措施，定期消毒、驱虫、口蹄疫免疫。育肥牛的饲养时间为第19～24个月。

卫生消毒 通过检查档案记录，生产人员进入生产区更衣、消毒管理制度及记录、非生产人员出入生产区管理制度等齐全，养殖场所和生产设备消毒制度完善并遵照实施。牛舍消毒管理严格，非生产人员进入养殖区须经批准并登记，进行消毒后方可进入生产区。厂区环境、用具等定期消毒，车辆进出经过消毒池，所用消毒药剂为NaOH消毒液和84消毒液，药剂使用规范，符合绿色食品管理要求。专车专用，不使用运输畜禽的车辆运输饲料产品。

质量管理体系建设 检查组现场查看5G数字化牧场的建设情况（图7-10）。5G牧场以智能牛舍为基础，数字信息平台为核心，通过智能耳标（项圈）、智能饲喂中央厨房、人工智能（AI）监控等，可对牛只个体身份识别、自动获取体征信息、实时监测、疫病诊断与智能预警，对肉牛管理、发情、饲喂、称重分群等养殖关键数据进行智能抓取，通过大数据技术分析，为牛场提供生产、经营最佳解决方案，使牛场的管理更加标准和规范，实现了肉牛生产全过程数字化、在线化、可视化，以及肉产品质量可追溯。

图 7-10　5G 数字化牧场

6. 疫病防治和兽药使用

疫苗兽药　经调查了解到当地养殖场发现的疾病为口蹄疫、线虫病等，流行程度较低。每年根据时间节点和实际情况，接种口蹄疫O型、A型二价灭活疫苗防治口蹄疫（图7-11）；进育肥场5天使用伊维菌素注射液驱虫（图7-12），屠宰前35天停用。经了解，养殖场常驻兽医，设置了专用兽医室以及兽药、疫苗储存场所；凭兽医处方用药，用药较规范；有药品采购、使用的台账，有药品管理制度，采购、保管、使用药品的记录完整。检查员核查本养殖周期免疫接种情况，检查了疫苗接种和兽药使用记录以及药品储存场所，查看了疫苗和兽药标签，未发现使用绿色食品禁用物质，符合NY/T 472《绿色食品　兽药使用准则》和NY/T 473《绿色食品　畜禽卫生防疫准则》。

图 7-11　疫苗

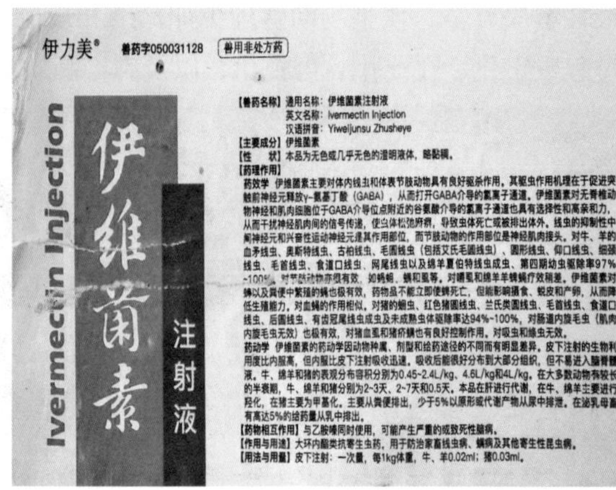

图 7-12　兽药标签

病死牛及无害化处理　申请人对于无传染性且病征较轻的病牛，进行隔离饲喂，等正常后入栏进行群喂。对于有传染性或病征较重且无法治愈的病牛、死牛，通知阳信县畜牧兽医服务中心，出具无害化处理通知书，由与亿利源公司签订协议的有资质的第三方公司进行无害化处理。有相关疾病及处理记录。对染疫肉牛所在的牛栏进行牛粪清理，并全面消毒，牛粪经化学消毒后再堆肥发酵，然后做无害化处理。

7. 废弃物处理及环境保护

申请人自建有机肥加工厂，养殖场每天定时清理养殖区牛粪，牛粪收集后，申请人利用与科研单位联合开发的有机肥生产技术，通过高温杀菌、发酵等一系列工艺加工生产有机肥，减少了牛粪直接还田带来的病菌污染，保护了环境。同时，通过“土地流转—粮改饲—牛过腹—有机肥还田”模式，形成区域高效生态循环畜牧业，处理方式安全有效，不对环境或周边其他生物产生污染。其他废弃物充分利用，例如，废弃包装物重复利用，饲料加工的副产物用作肥料等，不会对环境造成污染。

（四）屠宰加工环节检查

活体运输管理　申请人的养殖场到屠宰加工厂距离较近，采用围栏式货车运输，保证运输过程中阳光充足、通风良好。通过查看运输记录、核查装卸与运输流程，证实运输过程中未对肉牛产生过度应激，未使用镇静剂或其他调节神经系统的制剂。

厂区环境　①加工厂远离公路、铁路和生活区，厂周围5千米，主导风向的上风向20千米范围内无工矿企业、医院、垃圾处理厂等污染源，周边环境良好，不存在对生产造成危害的污染源或潜在污染源；②厂区位置和厂区分布图与实际情况一致，厂内环境、生产车间环境及生产设施干净整洁、无污染，周围无污染源；③设置有更衣室、洗手室等缓冲间；④加工厂内区域和设施布局合理，不会对加工原料、加工过程造成危害。

待宰栏福利　申请人建有标准化的待宰栏。待宰栏月台与运牛车辆基本齐高，无须强力驱赶；待宰栏温度控制在30℃以下；待宰栏分区设置，减少牛只数量和相互干扰。待宰栏设施能有效减少肉牛的应激。

加工车间　生产车间为封闭式管理，非工作人员不得入内，车间使用后用84消毒液进行消毒。生产过程中用于冲刷牛胴体的加工用水、冲洗生产设备和地面的用水，均来源于亿利源公司自有净化车间的净化水，生产过程中产生的废水进入公司的污水处理系统，废水经过环境在线检测，指标合格后排放。各生产环节卫生状况良好，无潜在食品安全风险，卫生条件符合GB 14881《食品安全国家标准　食品生产通用卫生规范》和《速冻食品生产和经营卫生规范》等标准和规范要求。生产车间物流及人员流动状况合理，生产工人统一着装，清洁干净，符合绿色食品管理要求（图7-13）。

图 7-13 检查屠宰加工车间

加工流程 经核查，冷冻牛肉产品原料100%来自肉牛，生产工艺：肉牛上架—放血（5分钟）—剥皮—开膛、净膛—冲洗—劈半—整修、复检—整理副产品—分离心肝肺—分离脾胃—扯大肠、小肠—鲜肉分割（8～12℃）—包装冷藏（-20℃），不添加其他任何物质。申请人屠宰加工工艺流程与续展申请材料一致，生产设备、生产线能够满足申请产品生产的需要，生产过程中各操作规程符合绿色食品要求，无违禁投入品和违禁工艺。各操作岗位工作人员熟悉绿色食品生产过程中的相关操作（图7-14和图7-15）。

图 7-14 肉牛吊宰

图 7-15 牛肉分割称重

平行生产 建立了完善的平行生产管理制度，保证绿色食品原料和产品从入厂到出厂每个生产环节与常规生产区别管理，不发生混淆。

质量检测 申请人设有理化实验室和瘦肉精快检实验室。实验室干净整洁，温度控制在23～28℃，相对湿度控制在65%～75%；根据检测项目配备了专用的检测设备和仪器，能够保障检测工作正常开展。实验室工作人员经过专业培训，持证上岗，制度规范，记录齐全，符合日常检测要求。申请人对每一批次的产品进行检测，合格后才能上市销售。

不合格产品（非商品）及处理 对于加工过程中因污染、温度调节不当等原因造成的不合格产品，申请人集中收集进行无害化处理。

废弃物处理及环境保护 集中收集屠宰加工过程中产生的三腺（甲状腺、肾上腺、淋巴结腺）及落地料进行无害化处理。加工过程中产生的废水进入公司的污水处理系统，废水经过环境在线检测，指标合格后排放。废弃物存放、处理未对生产区域及周边环境造成污染。

产品质量追溯 申请人产品实现了全程质量追溯。屠宰加工过程与养殖过程中肉牛耳标和智能项圈信息无缝衔接，一件一码，每一块牛肉上都有一个追溯码，其信息都保存在公司的信息数据管理平台上，信息数据保留期限为3年。申请人的数字化加工厂，通过了质量管理体系、食品安全管理体系、环境管理体系的认证。通过核查，申请人具备组织管理绿色食品生产和承担追溯责任的能力，建立了产品质量追溯体系并实现产品全程可追溯，建立了产品内部检查制度并保存内部检查记录，有可追溯全过程的上一用标周期的生产记录，产品检测报告合格。

产品包装材料 包装材料为食品级热缩袋，专用纸箱，可回收利用，包装废弃物可降解，符合NY/T 658《绿色食品　包装通用准则》的要求（图7-16）。

产品标签和绿色食品标志 经核查，申请人使用带有绿色食

图7-16 检查包装材料

品标志的包装标签，包装标签标示内容符合GB 7718《食品安全国家标准 预包装食品标签通则》等标准的要求，绿色食品标志设计符合《中国绿色食品商标标志设计使用规范手册》要求，产品名称、商标、生产商名称等与申请书一致。产品包装标签中生产商、商品名、注册商标等信息与上一用标周期绿色食品标志使用证书载明的内容一致。绿色食品产品包装标签标注规范，未发现有不规范用标现象。

产品储藏仓库 申请人建有速冻库2个，成品库2个，年存储量可达5 000吨，满足申报产量要求。冷冻牛肉存放于冷库，满足食品温度、湿度的要求；库房干净整洁，有货架，不会对产品质量造成影响；冷库温度条件不适宜鼠、虫等生物生存；储藏环节未使用任何药物及保鲜剂。出入库记录保存完整，未发现绿色食品禁用物质使用。

冷链物流 运输车辆为冷藏车，冷藏车温度控制在-18℃以下，且有GPS定位系统；冷藏车车况良好，货箱内平整光滑，干燥洁净，无渗漏、无毒、无异味，做到专车专用，符合NY/T 1056《绿色食品 储藏运输准则》要求。

（五）查阅文件（记录）

检查组在档案室查阅企业的各项档案资料。

资质证明材料 对营业执照、食品生产许可证、商标注册证、动物防疫合格证原件的真实有效性进行核实。

核查票据合同 核实基地来源及相关权属证明、投入品及饲料

（原料）来源和证明、投入品及饲料（原料）购销合同与票据的原件，确定其真实性和有效性。

质量管理体系文件　核实了原料基地位置图、地块分布图、加工厂平面图、养殖基地位置图、养殖场所布局平面图、设备布局图等与实际相符的情况，核实了质量控制规范、程序文件、生产操作规程（饲料种植、肉牛养殖、肉牛屠宰加工）、生产操作指南的执行情况；确认组织机构设置及相关岗位的责任和权限、可追溯体系的有效性等。

档案记录　查阅产品最近一个生产周期相关的原始生产记录、投入品及饲料原料的出入库记录、屠宰前后的检疫记录、不合格产品处理记录、消毒记录、内部检查记录、培训记录等。确认是否符合绿色食品相关规定与生产实际（图7-17）。

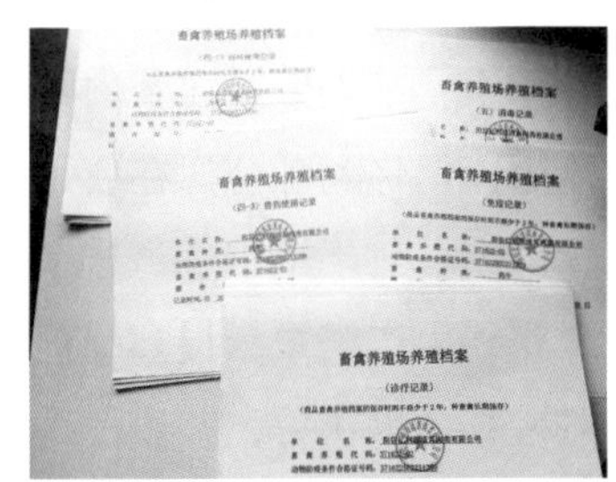

图 7-17　检查档案记录

申请人生产档案妥善存放在专用文件柜，通过核查，资质证明、档案记录等真实有效，规章制度、操作规程等能有效执行，可追溯体系完善、有效，申请人用标周期内无质量安全事故和不良记录，档案记录与生产实际相符，符合绿色食品相关要求，未发现不符合项。

（六）总结会

会前沟通　召开总结会前，检查组对现场检查情况进行讨论和风险评估，通过内部沟通形成现场检查意见，并与申请人管理层进行了充分沟通。确定其各生产环节建立了合理有效的生产技术规程，操作人员能够准确理解并执行到位；评估了整体质量控制情况，企业建立了严格有效的饲料生产、养殖过程、疾病防控、质量追溯等管理制度，在各生产场所均做到制度“上墙”，制度能够有效落实，能够保证申报产品质量稳定和品质可靠；评估了生产过程中投入品使用情况，确定其符合绿色食品标准的要求；评估了肉牛养殖及屠宰加工生产全过程对周边环境的影响，未发现造成污染。

通报结果　检查组组长召开总结会（图7-18），向亿利源公司通报现场检查意见（图7-19）。申请人生产技术先进，质量管理体系健全，基地环境、原料生产、肉牛养殖、屠宰加工、包装标识、储藏运输等全部生产环节符合绿色食品相关标准的要求，现场检查合格。

问题反馈　企业在肉牛养殖及加工过程中，虽未发现违禁肉牛饲料、饲料添加剂以及疾病防控药物的使用，但亿利源公司在后续管理工作中仍应继续加大对投入品的监管力度。对于个别生产记录不规范的问题，检查组建议申请人进一步完善生产记录，提高绿色食品质量管理水平。亿利源公司负责人对检查结果认可，并表示后续将继续严格按照绿色食品要求，加强生产全过程质量控制，确保绿色食品质量。承诺按照检查组要求落实整改，并继续定期开展绿色食品专题培训，严格落实内部检查制度。

图7-18　召开总结会

签署文件　双方签署“绿色食品现场检查会议签到表”“绿色食

品现场检查发现问题汇总表”等检查文件，结束本次现场检查。

现场检查意见

<table>
<tr><td>现场检查综合评价</td><td>经现场检查，该单位质量安全管理制度健全，制定了相应的生产质量控制措施；产地环境良好；农业投入品来源明确，质量合格；建有农业投入品专用仓库，肥料和农药严格遵守绿色食品生产相关标准，使用科学合理；建有产品专用仓库，收获后单独储藏运输，并有专人管理；各项生产记录详尽健全；建有质量检测室，定期进行自检。符合绿色食品相关要求，具备可持续发展绿色食品的能力。</td></tr>
<tr><td>检查意见</td><td>☑ 合格
☐ 限期整改
☐ 不合格</td></tr>
<tr><td colspan="2">检查组成员签字：
2022 年 7 月 20 日</td></tr>
<tr><td colspan="2">我确认检查组已按照《绿色食品现场检查通知书》的要求完成了现场检查工作，报告内容符合客观事实。

申请人法定代表人(负责人)签字：
(盖章)
2022 年 7 月 20 日</td></tr>
</table>

图 7-19　现场检查意见

四、现场检查报告及处理

现场检查结束后，检查组根据检查情况和收集的检查证据信息，总结形成“现场检查报告”。按期检查申请人整改落实情况，检查组组长判定合格后，将整改材料连同“畜禽产品现场检查报告”、现场检查照片、“绿色食品现场检查会议签到表”“绿色食品现场检查发现问题汇总表”等材料一同报送山东省绿色食品发展中心，山东省绿色食品发展中心根据检查组的现场检查结论，向申请人发出“绿色食品现场检查意见通知书”。相关现场检查材料由绿色食品工作机构整理归档，申请人留存。

五、绿色食品牛肉现场检查案例分析

滨州市肉牛养殖历史悠久，是鲁西黄牛、渤海黑牛主产区，资源禀赋条件优越，环境承载力大，群众养殖经验丰富、技术积累雄厚，是传统的养殖优势区。近年来，滨州市肉牛一二三产业的稳定快速发展，已成为一项富裕农民、富裕地方财政、拉动地方经济发展的强势产业。2022年全市肉牛存栏40.31万头，出栏68.79万头。现有屠宰加工企业78家（其中阳信县76家），年屠宰能力达120万头以上。全市肉牛产业一二三产业综合产值490亿元，占全市总产值的41.75%，各项指标位居全省前列。初步形成了“饲草种植—犊牛繁育—标准化养殖—屠宰加工—冷链物流配送—餐饮连锁—副产品加工—废弃物资源化利用”的绿色循环产业链，带动饲草种植、肉牛养殖、屠宰加工、运输、销售、餐饮行业等9.5万人就业。滨州市被农业农村部命名为“全国牛羊加工业示范基地”，7个县（区）相继被列入全国秸秆养牛示范县、粮改饲示范县、优势农产品区域布局规划、沿黄肉牛产业带及黄河三角洲绿色畜产品生产基地。

（一）现场检查时节

滨州市肉牛养殖的主要饲料原料为青贮玉米，现场检查时为了兼顾青贮玉米基地的检查，宜选在青贮玉米成熟度适宜，并且在肉牛养殖、牛肉产品生产期间的高风险阶段进行，因此检查时间宜安排在7—9月。一是处于生长期的玉米，有利于检查员观察玉米长势，查看玉米病虫害为害程度，核实用肥用药情况，准确评估玉米品质和产量。二是这个阶段新的青贮饲料还没有收获，去年的青贮玉米正处于贮藏后期，便于检查员观察养殖场青贮池饲料储存情况，以评估肉牛饲料储存条件及配比的合理性。三是牛肉产品现场检查环节较多，如果一次现场检查因生产时间等原因未能覆盖，还应实施补充检查。

（二）现场检查安排

确定检查人员　组织现场检查的工作机构根据申请产品的类别及生产规模，委派至少两名具相应资质的检查员进行现场检查，滨州市牛肉产品现场检查涉及种植、养殖和加工3个方面，检查组由至少两名有种植、养殖、加工资质的检查员组成。检查组分工明确。

现场检查计划　检查组根据申请人材料和产品生产情况，制订详细的现场检查计划。针对申请人实际情况，检查组与申请人提前沟通确定检查时间、检查要点、参加人员及检查相关要求等。申请人涉及种植、养殖、加工3个方面，确定时长时要考虑其现场检查的复杂性，确保检查环节全覆盖。申请人应在检查期间按照检查组要求确保场所开放、人员在岗、有关生产记录档案随时查阅。

（三）现场检查实施

根据《绿色食品现场检查工作规范》要求，通过召开首次会议、实地检查、随机访问、查阅文件与记录、管理层沟通、召开总结会等环节，对申请人展开现场检查。现场检查过程中，检查员对现场检查各环节、重要场所、文件记录等进行拍照、复印和实物取证，做好检查记录。检查过程随时进行风险评估。

首次会议　通过召集企业主要负责人和相关工作人员开座谈会，检查员听取申请人生产管理情况介绍，主要是养殖场与屠宰加工厂基本情况、管理体系建设及落实等情况的汇报。检查员对畜禽来源、饲料及饲料添加剂来源与使用比例、兽药及疫苗使用情况、养殖场所及加工车间卫生消毒情况、废弃物处理情况、技术培训开展情况、内检员的设置及工作开展情况等向相关人员进行现场询问，做到心中有数。

实地检查 牛肉产品现场检查要点主要包括基地环境、畜禽来源、饲料来源、饲养管理、消毒和疾病防治、投入品的采购和使用、活体肉牛装卸及运输、废弃物处理、包装和储运、质量追溯、委托加工、平行生产等。检查组采取“问、查、看、访”等方式，相互印证确认结论。

查阅文件（记录） 检查员对相关文件（记录）进行现场查阅核实，主要包括申请人资质证明文件原件，质量控制规范、生产操作规程等质量管理制度文件，基地来源、原料来源等相关证明文件，生产和管理记录文件（包括投入品购买和使用记录、销售记录、培训记录等），产品预包装设计样张（如涉及），以及中国绿色食品发展中心要求的其他文件，核实申请人生产全过程质量控制规范的制定和执行情况，及其与申报材料的一致性。

总结会 检查员总结现场检查总体情况，重点对检查中发现的问题进行反馈，提出整改意见和时限要求。要求申请人严格把控绿色食品生产环节，严格按照绿色食品生产标准进行生产，认真做好自检工作，并充分发挥企业内检员的作用，提高企业绿色食品生产技术水平和全程质量控制能力。

报告文件 现场检查结束后及时做好资料整理、报送和留存。现场检查报告内容应完整、翔实、准确无遗漏；评价客观、公正、有依据；检查现场取得的资料、记录、照片等文件作为报告的附件一同提交。现场检查照片涵盖全部现场检查环节。照片标注检查员姓名及现场检查内容，关键点留照片佐证。现场检查相关文件应签字盖章齐全，绿色食品工作机构和申请人分别留存。

（四）现场检查关键环节和主要风险点

饲料原料种植环节　该环节主要风险点是产地环境以及农药、肥料等投入品的选择和使用是否符合绿色食品标准的要求。产地环境应重点调查基地周边环境污染状况，肥料检查应根据玉米不同生长阶段的养分需求有针对性地检查土壤培肥措施、肥料来源，注意把握无机氮素用量不得高于当季作物需求量一半的基本原则。农药检查应根据病虫害发生规律，检查是否有农业、物理、生物防控措施，综合防控是否符合生产实际，是否达到防治效果，严格检查绿色食品禁用农药和农药超范围使用情况。

肉牛养殖环节　主要风险点是饲料与饲料添加剂、兽药等投入品的来源及使用是否符合绿色食品标准要求，养殖过程中对周边环境是否产生污染。饲料与饲料添加剂方面应重点检查肉牛各养殖阶段饲料与饲料添加剂组成配比、饲料来源的真实性、合同购买量是否充足、是否有绿色食品不允许使用的饲料与添加剂成分等。兽药方面应重点检查本养殖周期免疫接种及兽药使用情况，应在养殖过程中不用或少用药物，确须使用兽药时，应在执业兽医指导下，在绿色食品允许使用的兽药中选择使用，并严格执行药物用量、用药时间、休药期等方面的要求。注意观察饲养场周围是否具备就地存放粪污的场地和排污条件，是否设立无害化处理设施设备等，评估养殖过程是否对周边环境产生污染。

屠宰加工环节　主要风险点是原料加工、成品储藏及运输、设备清洗等各环节区分管理和交叉污染的情况，应重点检查绿色食品和常规产品是否建立了完善区别管理制度。通过查阅生产记录、现场观察在屠宰加工过程中产生的废料、废水等废弃物的处理情况，评价废弃物存放、处理对生产区域及周边环境是否造成污染。此外，也要关注加工过程是否使用食品添加剂，是否符合国家和绿色食品要求。

（五）当地牛肉生产的常见问题

季节交替时牛只易患感冒 在季节交替的早春和深秋季节，由于气候寒冷、多变，如果不注意对肉牛的保健护理，一旦冷风侵袭，部分牛只易患感冒，会在牛群中相互传染。因此，在季节交替时要加强管理，做好预防工作，保证栏舍清洁干爽、通风透气，作好防寒保暖工作，添加适量的营养。

夏季易滋生病原微生物 夏季天气闷热，受到高温的影响，各类细菌、病毒生长繁殖快，肉牛容易出现腹泻。所以夏季更要做好牛舍卫生工作，粪污及时清理，按时消毒，保持通风，不喂霉变腐败的饲草饲料，喂完牛后剩料及时清理出来，以免时间长了出现腐败。

易出现DFD肉 如果宰前管理、屠宰方式、屠宰过程中的控制措施等不当，肉牛宰后易出现DFD肉［这样的肉颜色晦暗（Dark），肉质又硬（Firm）又干（Dry），被称为DFD肉］。因此，肉牛屠宰前注重加强运输福利、待宰栏福利，选择最佳屠宰时间，减少运输时间，提高运输质量，严格执行肉牛屠宰操作规程，减少DFD肉产生。

（六）加强绿色食品牛肉标准化生产和全程质量控制的对策

推进种养结合一体化，提升饲料原料基地与养殖基地标准化水平 一是强化优良牛种繁育保护。高标准建设肉牛良种繁育基地，加快优良新品种选育推广，培育鲁蒙黑牛新品系，将鲁西黄牛、渤海黑牛等传统品种纳入地方品种保护名录。二是全面推进肉牛标准化养殖。推行标准化生产方式，制定实施肉牛的标准化饲养管理规程，建立健全标准化生产体系，深入开展现代农业产业园创建，在产业园建设标准养殖小区，实现肉牛养殖统一管理、统一防疫、统一检疫、统一饲料供应、统一粪污处理，发展高效生态循环畜牧业。三是建设优质青贮饲料种植标准化示范基地，推动青贮饲料种植向标准化、规模化、专业化发展。

推进畜禽粪污资源化利用项目建设 一是推广雨污分离、固液分离、粪污收集、污水减量排放、病死畜禽无害化处理、种养结合等技术。二是重点建设粪污生产有机肥的生产厂房、发酵罐、高温发酵车间、成品库房、粪污配套设施，并购置多用途生物质能源设备、生产有机肥设备及附属设备。三是养殖重点县整县制推进畜禽粪污资源化利用项目。目前滨州市阳信县畜禽粪污资源化利用整县推进试点项目已经全部完工，全县118家规模养殖场粪污设施配建率达100%，768家畜禽养殖专业场（户）配建了“三防”设施。粪污经过发酵处理后或送往有机肥厂加工有机肥，或送往果园、良田进行种养循环，生态效益明显。

推广现代高效养殖、屠宰管理技术 一是推广肉牛高效生态养殖技术，建立高效生态循环肉牛养殖模式。二是加快推广肉牛养殖疾病诊断及防治技术，提升肉牛疾病防控水平。三是研究推广肉牛品种选育技术，尽快发挥地方肉牛肉质好、耐粗饲、抗逆性强的优势。四是积极推广射频识别技术（RFID），建立养殖、屠宰、加工、运输、销售等环节的质量安全管理追溯系统，实现从生产到消费的全过程监管。

供稿 滨州市农业技术推广中心 赵永红

绿色食品鸡蛋现场检查案例分析

——以大连韩伟养鸡有限公司为例

一、案例介绍

大连韩伟养鸡有限公司（以下简称韩伟公司）始创于1982年，公司总部位于辽宁省大连市旅顺口区，现拥有大连、朝阳、贵州三大养殖基地，蛋鸡养殖规模近1 000万只。韩伟公司下设种鸡场、孵化场、青年鸡场、蛋鸡场、蛋品分选厂等全产业链配套场区，通过了美国国家卫生基金会（NSF）的无抗生素及可生食产品认证，是引领中国鸡蛋品牌化、标准化发展的领军企业和农业产业化国家重点龙头企业，是世界蛋品协会（IEC）会员，被认定为国家畜禽标准化养殖典型示范场、国家蛋鸡产业技术体系综合试验站。韩伟公司的生产技术和研发水平始终处于行业领先地位，承担了国家级“十二五”星火计划“生物饲料在蛋鸡健康养殖中的开发及应用”项目。该公司始终坚持诚实守信、严格自律，40余年来坚持为消费者提供安全、放心的鸡蛋产品。该公司2000年获得绿色食品标志使用权，是我国首个获得绿色食品证书的鸡蛋生产企业，绿色食品蛋鸡养殖量10万只。

二、现场检查准备

（一）检查任务

韩伟公司于2023年2月10日向大连市现代农业生产发展服务中

心提出绿色食品标志使用续展申请，申请产品为鸡蛋，产量2 000吨。按照《绿色食品标志管理办法》等相关规定，经审查申请人相关材料符合要求，大连市现代农业生产发展服务中心于2023年2月15日正式受理，向申请人发出“绿色食品申请受理通知”，同时计划安排现场检查。

（二）检查人员

大连市现代农业生产发展服务中心派出检查组，检查组成员如下。

组长：大连市现代农业生产发展服务中心　高级检查员　黄艳玲

组员：大连市现代农业生产发展服务中心　高级检查员　栾其琛

（三）检查时间

根据蛋鸡养殖的特点，检查组定于2023年6月5日对韩伟公司实施绿色食品鸡蛋现场检查，此阶段为蛋鸡产蛋高峰期，生产性能高、抵抗力差，是呼吸道、消化道等疾病高发期，为高风险时段。大连市现代农业生产发展服务中心于2023年6月3日向申请人发出“绿色食品现场检查通知书”，申请人签收确认。

（四）检查内容

现场检查前，检查组成员审核“绿色食品标志使用申请书”“畜禽产品调查表”、养殖规程、质量控制规范、饲料及饲料添加剂来源证明等，了解申请人和申报产品基本情况，制订现场检查计划。依据绿色食品标准规范，检查组确认本次现场检查重点内容：养殖基地环境质量、畜禽来源、饲料与饲料添加剂来源及购买票据、饲养管理、消毒与疾病防控、蛋品收集与包装储运、废弃物处理与环境保护措施、平行生产区别管理等，核查生产各环节与申请材料的一致性，验证其与绿色食品标准的符合性。

三、现场检查实施

（一）首次会议

首次会议由检查组成员、企业绿色食品生产负责人、内检员以及防疫中心、营养中心、饲料厂、绿色蛋鸡场、营销中心等部门相关管理人员参加。检查组组长向企业介绍检查组成员、检查依据的法律法规和技术标准，与企业沟通了检查内容、具体安排以及企业需要配合的工作；检查组向申请人作出保密承诺。企业方向检查组介绍了企业绿色食品组织管理运行以及畜禽养殖等关键生产管理情况。双方确定检查内容、路线安排和陪同人员，全体参会人员签到（图8-1）。

图 8-1　首次会议

（二）检查养殖基地环境质量

检查组来到企业位于大连旅顺口区三涧堡街道东泥河村的养殖基地，该基地周边生态环境良好，依山傍海，周边无居民区、化工厂、污染源（图8-2）。基地采用场区集约化生态养殖模式，厂区内设计科学规范，育雏、育成和产蛋鸡舍布局合理，鸡舍内采用意大利FACCO公司进口的层叠式全自动笼养设备，做到了喂料、饮水、通风、粪便排放全自动，养殖场内无异味，不对周边环境和其他生物产生污染（图8-3）。养殖基地进出有严格防疫要求，养殖场区入口处设有人员、车辆自动喷雾消毒系统和车辆消毒池。检查组确认续展环境未发生变化，环境项目免测（如为初次申报，应检测禽舍区空气、养殖用水）。

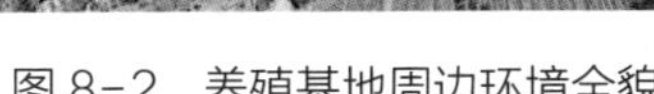

图 8-2　养殖基地周边环境全貌

图 8-3　鸡舍周边环境

（三）检查饲料原料来源和加工过程

检查组重点检查了蛋鸡各养殖阶段饲料配方、饲料来源和饲料加工过程。检查组了解到蛋鸡饲料主要原料包括玉米、豆粕、石粉，饲料添加剂为石粉、磷酸氢钙、蛋氨酸、赖氨酸、氯化钠、甜菜碱、植酸酶、氯化胆碱、饲用微生态制剂、通用型维生素预混料、矿物质添加剂预混料等。玉米、豆粕来自绿色食品获证企业，饲料添加剂均有固定来源，供应方资质、绿色食品证书、购买合同及购销凭证齐全（图8-4和图8-5）。现场核实饲料标签，没有发现绿色食品禁用成分（图8-6）。通过询问一线工作人员，核查饲料购买、加工及出库记录，检查组确认饲料组成和加工情况与申报材料中一致，饲料购买量能满足蛋鸡各养殖阶段用量（图8-7和图8-8）。企业按照不同生长阶段配方要求，通过投料、粉碎、混合等工艺加工成配合饲料成品。饲料加工过程存在平行生产，企业建立了较为完善的区别管理制度，现场核实相关制度落实到位。

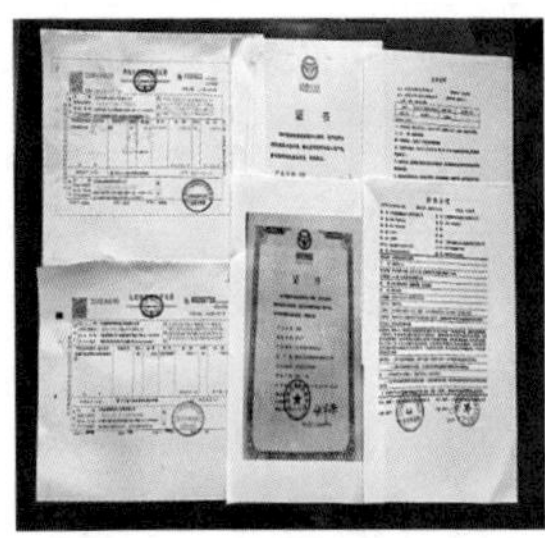
图 8-4　饲料原料来源证明

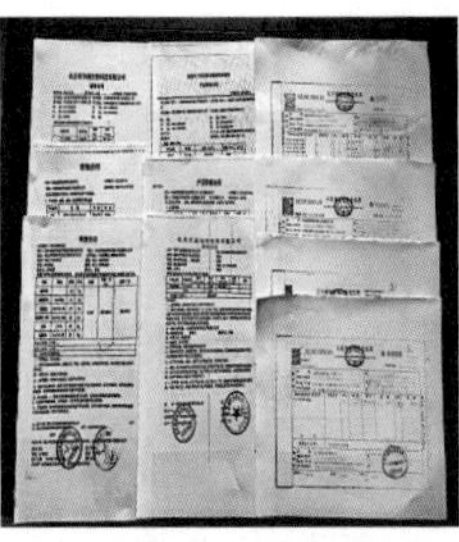
图 8-5　饲料添加剂来源证明

图 8-6　饲料添加剂标签

图 8-7　检查饲料原料库房

图 8-8　查看饲料出入库记录

（四）检查鸡蛋标准化生产过程

进入生产场区，需要进行登记（图8-9）并通过消毒通道（图8-10）。检查组检查蛋鸡成品饲料，饲料加工出库量和鸡舍入库量能够对应一致，确认鸡舍中饲料是由本企业饲料加工厂提供的产品（图8-11）。通过监控大屏检查鸡舍内部情况和鸡蛋标准化生产过程（图8-12）。蛋鸡品种为京红1号，是由北京市华都峪口禽业有限责任公司培育出的新一代优质青年鸡品种，具有适应性强、开产早、产蛋量高、耗料低等特点。禽种来源凭证齐全。蛋鸡养殖周期为500天，主要分为育雏、育成和产蛋3个阶段，各个饲养阶段均按照绿色食品标准要求饲养管理。

图 8-9　入场前登记

图 8-10　入场前消毒

图 8-11　检查绿色蛋鸡成品饲料

图 8-12　通过监控大屏检查鸡舍

（五）检查蛋鸡疫病防治与兽药使用

检查组了解到，蛋鸡养殖发生的疾病包括禽流感、鸡新城疫、鸡传染性支气管炎病、鸡传染性喉气管炎病、鸡减蛋综合征、鸡传染性鼻炎、鸡支原体病、鸡大肠杆菌病等，在该养殖场流行程度低。韩伟公司通过加强种源净化和疫病防控监测，保证蛋鸡与雏鸡的健康。对场区及鸡舍进行彻底清洁、消毒后，至少空舍21天以上，方可引入雏鸡。引入前制定鸡群的免疫程序、保健方案，对鸡舍进行预温、预湿，做好接鸡准备。鸡雏引入后，按蛋鸡疫病预防控制程序进行预防和免疫接种。本养殖周期鸡群育雏、育成期间成活率为99.95%。检查组现场核实，企业定期进行场区及鸡舍内的带鸡消毒。消毒剂为碘制剂（1‰）、季铵盐类（0.5/‰）、二氯异氰脲酸钠（1/‰），使用方法为喷雾消毒和浸泡消毒。鸡舍带鸡消毒每半个月进行一次，场区路面消毒每周一次，消毒池消毒剂每1~2天更换一次。每日给鸡群使用七清败毒（中药制剂），通过饮水饲喂。遵照国家和绿色食品兽药使用规定，规范抗生素使用，严格遵守休药期。兽药库设绿色兽药专区，兽药制品分类并按国家要求进行存放，兽药制品使用记录完整（图8-13）。检查组检查了疫苗和兽药标签，确认所用药品符合NY/T 472《绿色食品　兽药使用准则》要求（图8-14）。

图 8-13　兽药库房检查

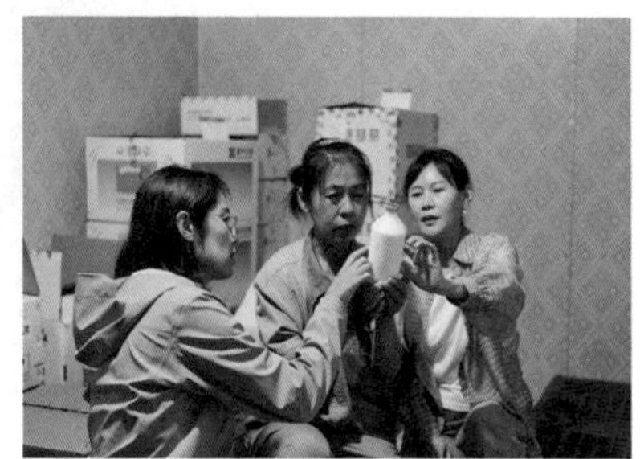

图 8-14　检查疫苗、兽药标签

（六）检查废弃物处理与环境保护措施

检查组现场检查了用于处理病死鸡的专业畜禽无害化处理设备，设备内置电磁线圈，产生500℃高温，使病死畜禽温度达到120℃，处理时间10分钟以上，处理后的畜禽致病菌全部被杀灭，处理记录完整、有效。畜禽粪便直接通过粪带传送到粪车上，全程不落地。病死鸡、粪便等无害化处理后，直接运出场区，作为生产有机肥的原料。

（七）检查蛋品收集与品质控制

企业的蛋品车间为独立封闭式车间，按食品加工企业标准进行管理，人员出入须登记，并有严格的卫生管理和消毒制度（图8-15和图8-16）。鸡蛋通过自动集蛋设备从鸡舍传送至蛋品自动分选机，经清洗、紫外线杀菌，分拣至蛋托内，全程不会对鸡蛋产生污染，保证蛋品品质（图8-17）。检查组了解到每枚鸡蛋上喷有产品编号，通过编号可以追溯饲料、兽药、防疫等相关信息（图1-18）。生产非绿色食品产品后，设备进行彻底的清洗、消毒后再进行绿色食品产品生产。

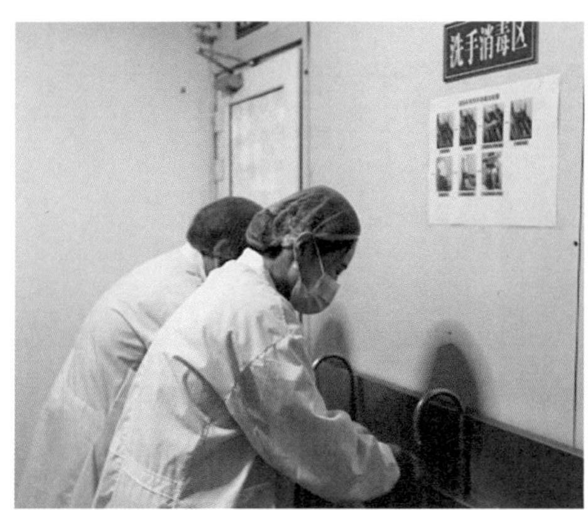

图 8-15　车间入口洗手消毒

图 8-16　车间入口风淋消毒

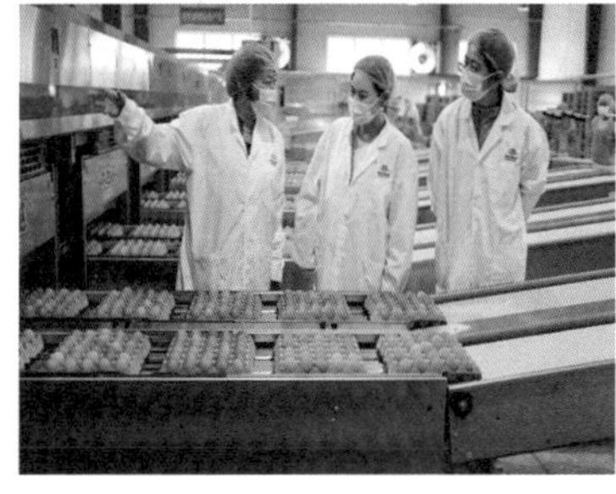

图 8-17　检查蛋品车间

图 8-18　检查产品追溯编码

（八）检查包装、标识、储运

检查员现场核实绿色鸡蛋产品包装材料为纸浆蛋托和纸箱，均可回收、可降解，包装上绿色食品标志使用规范，产品名称、注册商标、生产商等信息与上一周期绿色食品证书内容一致（图8-19）。绿色蛋品有几个小时的暂存，有专门的存放区，干燥整洁，标识明显。运输环节为绿色食品专用运输车，定期清洁消毒，产品出入库及运输记录完整。带有绿色食品标识的宣传资料“上墙”（图8-20）。

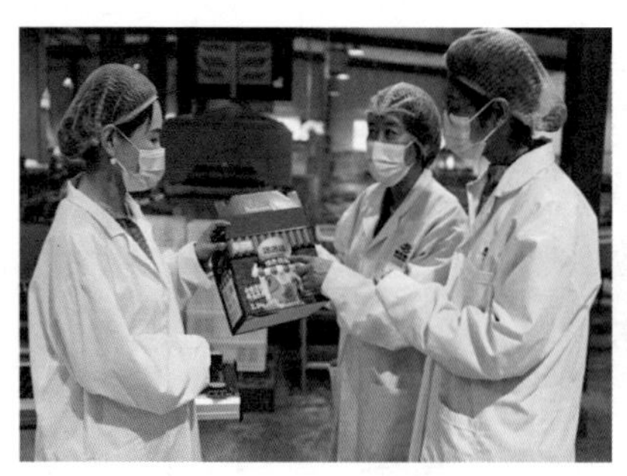

图 8-19　检查绿色食品产品包装

图 8-20　检查绿色食品标识化

（九）查阅资料档案

检查组按照检查计划分工查阅企业的各项档案材料，并与申报材料进行核对。查阅资质证明文件包括营业执照、动物防疫合格证、商标注册证等证件原件（图8-21）。查阅了质量管理体系手册、生产操作规程、平行生产区别管理制度等（图8-22）。查阅了饲料与饲料添加剂（原料）来源及证明，疫苗与兽药制品来源及证明，各类合同、票据，以及各项生产记录，确定其真实性和有效性（图8-23）。

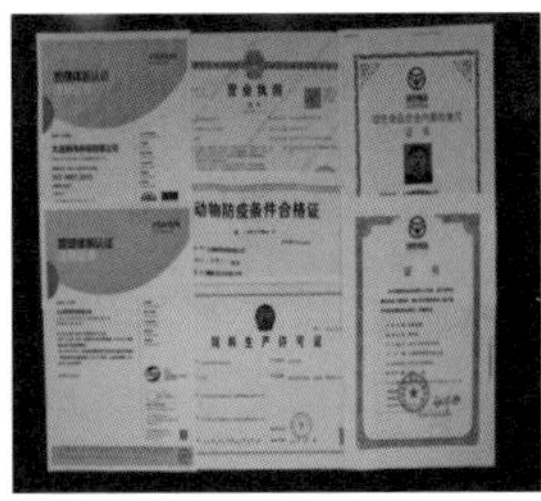

图 8-21　资质证明文件

图 8-22　管理体系文件

图 8-23　相关记录文件

（十）总结会

会前沟通　召开总结会前，检查组对整个现场检查情况进行讨论和风险评估，通过内部沟通形成现场检查意见，得到企业管理人员的认可，双方达成一致意见（图8-24）。

通报结果　召开总结会，检查组对本次续展现场检查进行全面总结，检查组认为：申请人质量管理体系较为健全，养殖基地周边没有污染源，生产技术与管理、饲料来源与加工、蛋鸡疫病防控、废弃物处理、绿色食品标志使用等均符合绿色食品相关标准要求，现场检查结果为合格并向企业进行了通报（图8-25）。

图 8-24　检查组与企业人员沟通检查情况

图 8-25　总结会

问题反馈　针对发现的问题，检查组向申请人提出两项建议：

一是进一步加大对区别管理制度执行和监管的力度，二是增加绿色食品理念及知识培训的频次和人员覆盖面。申请人认同提出的建议，并承诺积极落实整改，不断提高绿色食品生产的标准。

签署文件　检查双方签署“绿色食品现场检查会议签到表”“绿色食品现场检查发现问题汇总表”，结束本次现场检查。

四、现场检查报告及处理

现场检查结束后，检查组根据检查情况和收集的检查证据信息，总结形成“畜禽产品现场检查报告”。按期检查申请人整改落实情况，检查组组长判定合格后，将整改材料连同“畜禽产品现场检查报告”、现场检查照片、“绿色食品现场检查会议签到表”“绿色食品现场检查发现问题汇总表”等材料一同报送至大连市现代农业生产发展服务中心。大连市现代农业生产发展服务中心根据检查组的现场检查结论，向申请人发出“绿色食品现场检查意见通知书”。相关现场检查材料由绿色食品工作机构整理归档，同时申请人留存。

五、绿色食品鸡蛋现场检查案例分析

（一）检查时间选择

根据蛋鸡实际养殖情况，一般按照两个原则选择检查时间。一是高风险季节，主要在春夏之交或秋冬之交，为呼吸道或消化道疾病高发季节。二是高风险阶段，主要是产蛋高峰期，由于蛋鸡生产性能高，抵抗能力差，易发病。本次检查安排在6月上旬，为产蛋高峰期，符合上述两个条件要求。

（二）现场检查安排

一是通过文审提前熟悉申报企业和申报产品基本情况，了解蛋鸡养殖规模、养殖方式、鸡雏来源、饲料来源及配比、常见疫病防控措施等，如有平行生产，通过审核材料初步判断控制措施是否真实有效，现场检查时进行确认。二是确定蛋鸡现场检查关键环节及风险点，准备现场检查时须核实的相关问题或数据，例如，育雏、育成、产蛋每个养殖阶段的饲料组成比例、饲料用量，蛋鸡养殖过程中强制性疫苗使用、非强制性疫苗使用、消毒药剂及使用、消化道疾病及常见防治用药、呼吸道疾病及常见防治用药、其他疫病及常见防治用药等情况。三是根据绿色食品现场检查相关要求，制订详细的现场检查计划，建议安排禽类养殖专业技术专家随同检查指导。四是提前准备现场检查相关的工具书或资料，如绿色食品相关标准等。五是合理安排现场检查路线和时间，在确保环节全覆盖的前提下，提高检查效率。

（三）关键环节及风险点筛选

养殖组织形式　如为自有基地集中养殖，风险点主要集中在是否能够严格按照绿色食品相关标准要求进行生产；如为公司+基地（农户），风险点除了所有基地（农户）是否能严格按照绿色食品标准进行生产，还有申报企业是否有切实可行质量管控措施，确保所有基地（农户）都能按照企业绿色食品统一要求进行生产。

养殖基地及周边环境　主要核实是否远离医院、工矿区和公路铁路干线，周边是否有对蛋鸡养殖造成危害的污染源。

饲料原料来源、配方组成及用量　如为自建饲料原料基地，主要核实原料种植过程是否符合绿色食品相关标准要求，产量是否能满足申报蛋鸡需要。如为外购饲料原料，主要核实饲料原料是否来自绿色食品生产企业，绿色食品生产资料或绿色食品原料标准化生产基地相关证明材料是否齐全有效，采购量是否超过批准规模。主要核实不同养殖阶段饲料配方是否能满足蛋鸡营养需要，各阶段饲料采购量是否能满足申报养殖规模需要。

蛋鸡养殖过程中的疾病防治 主要核实蛋鸡常见呼吸道疾病、消化道疾病、寄生虫疾病的用药是否为绿色食品禁用药，重点要关注产蛋期药剂和消毒剂使用情况，核实申请人提供的药品标签。

获证产品包装及标签 主要核实包装是否符合国家相关强制性要求，宣传用语是否规范，绿色食品标志使用是否规范。

平行生产控制 主要核实是否能够从养殖场所、饲料来源与加工、疫病防控、产品采集与储藏运输、全过程生产记录和质量控制措施等方面确定申报企业真正做到平行生产区别管理。

（四）加强绿色食品鸡蛋标准化生产和全程质量控制的措施

40余年来，韩伟公司依托国际先进的蛋鸡养殖技术和产品质量追溯体系，严格执行绿色食品标准，不断提升蛋鸡养殖全产业链标准化生产和质量控制水平，从而保障“咯咯哒”绿色食品鸡蛋的良好品质，为绿色食品鸡蛋生产和现场检查提供了有益的借鉴和启示。

1. 坚持标准，牢牢把好“四关”

把好饲料原料关 做好供应商评审，筛选出合格供应商，确保饲料原料全部达到绿色食品标准要求，原料购入后，对各项指标精确检测，杜绝购入不合格品。

把好蛋鸡饲养关 从种鸡、孵化、育雏、育成到蛋鸡饲养，全过程严格按NY/T 472《绿色食品　兽药使用准则》和NY/T 473《绿色食品　畜禽卫生防疫准则》要求执行，做好防疫工作。

把好出厂检查关 每批产品须经质检员检查合格方可出厂，杜绝不合格产品的流出，严格执行NY/T 473《绿色食品　包装通用准则》和NY/T 1056《绿色食品　贮藏运输准则》相关标准要求。

把好销售上市关 定期对在售产品进行核查，确保货架产品的质量，规范使用绿色食品标志。

经过上述层层把关，确保了每一枚“咯咯哒”绿色鸡蛋的质量。

2. 完善制度，促进企业诚信建设

完善的绿色食品管理制度，健全的绿色食品质量追溯体系，是企业做好诚信建设的基础。为此，企业定期组织管理技术人员及时按照绿色食品标准要求更新相关制度，定期对质量管理体系进行内审与外审，确保体系完善。安排多人次参加绿色食品管理机构组织的企业内检员培训，在包括蛋品加工、仓储、销售等重要岗位设立企业绿色食品内部检查员7人，对全体员工经常性地开展绿色食品知识培训。在生产经营活动的管理中，实行逐级管理，层层把关，责任到人，确保产品质量安全。“咯咯哒”绿色鸡蛋上均有食用级油墨喷注的编码，可迅速查出鸡蛋生产各个环节的相关记录和责任人，实现全程可追溯。

3. 广泛宣传，提高市场份额与品牌认知度

绿色食品标志，顾客认知度高，有利于提高产品市场占有率和品牌认知度，提高企业生产效益。韩伟公司通过网络、电视、报纸、微信小程序等各种媒体，介绍“咯咯哒”绿色食品鸡蛋的生产环境、生产过程与质量管控；在各销售渠道通过现场促销、宣传页发放、销售人员讲解等形式宣传“咯咯哒”绿色食品鸡蛋优良的品质；邀请合作伙伴、广大消费者参观生产基地、座谈讨论，听取他们的意见和建议。这种线上和线下相结合的推广方式，保证了“咯咯哒”绿色食品鸡蛋宣传的广度和深度，更好地营造了绿色食品行业诚信自律的良好氛围。韩伟公司先后多次参加全国绿色食品博览会，在做好国内市场开拓的同时，走出国门进行宣传，产品远销日本等国家以及我国香港地区。

供稿　大连市现代农业生产发展服务中心　黄艳玲、栾其琛

绿色食品海参现场检查案例分析

——以大连棒棰岛海产股份有限公司为例

一、案例介绍

大连棒棰岛海产股份有限公司（以下简称棒棰岛公司）成立于2009年，是我国较早从事海参工业化、规模化生产的股份制企业。该公司主营海参育苗、养殖、加工、销售等业务，构建起集刺参原种保护、苗种繁育、底播增殖、精深加工、科研开发和市场营销于一体的完整产业链。该公司育苗增养殖基地占地面积8万多米^2，建有渔业科研码头1座，自有海域1.5万亩，陆地保种、育苗场1.5万米^{3}水体。海参加工基地占地2万米^2，建筑面积3.4万米^2。通过设备引进和技术改造，形成了年加工鲜活海参1.5万吨的生产能力。2001年7月，“棒棰岛”牌海参首次被认定为绿色食品。20余年来，该公司先后被评为农业产业化国家重点龙头企业、“最美绿色食品企业”、全国有机农产品（海参）基地、国家级生态农场和全国科普教育基地，并获权使用“大连海参”“辽参”地理标志证明商标。

二、现场检查准备

（一）检查任务

棒棰岛公司于2023年3月18日向大连市现代农业生产发展服务中心提出绿色食品标志使用续展申请，申请产品为海参，产量130

吨。按照《绿色食品标志管理办法》等相关规定，经审查，申请人相关材料符合要求，由大连市现代农业生产发展服务中心于2023年3月20日正式受理，向申请人发出“绿色食品申请受理通知”，同时计划安排现场检查。

（二）检查人员

大连市现代农业生产发展服务中心派出检查组，检查组成员如下。

组长：大连市现代农业生产发展服务中心　高级检查员　黄艳玲

组员：大连市现代农业生产发展服务中心　高级检查员　栾其琛

（三）检查时间

根据海参养殖和生产特点，检查组定于2023年6月13日对大连棒棰岛海产股份有限公司实施绿色食品海参现场检查。大连市现代农业生产发展服务中心于2023年6月9日，向申请人发出“绿色食品现场检查通知书”，申请人签收确认。

（四）检查内容

现场检查前，检查组成员审核“绿色食品标志使用申请书”“水产品调查表”、养殖规程、质量管理手册、基地证明材料等，了解申请人和申报产品基本情况。依据绿色食品标准规范，检查组确认本次现场检查重点内容：调查申请产品海参养殖海域周边环境、育苗阶段疾病防治、水质改良、消毒剂使用情况、养殖周期及捕捞运输等环节与申请材料的一致性，核验其与绿色食品标准的符合性。

三、现场检查实施

（一）首次会议

检查组召开首次座谈会，检查组成员、企业管理人员、技术人员、销售人员、内检员参加会议（图9-1）。检查组组长向企业参会人员介绍检查组成员、现场检查的目的及现场检查的程序要求等。企业负责人向检查组介绍企业基本情况、绿色食品组织管理运行情况、申报产品生产管理情况等。双方共同确认了现场检查行程安排，企业落实陪同检查人员和检查区域场所。全体参会人员签到（图9-2）。

图 9-1　首次会议

图 9-2　参会人员签到

（二）调查养殖海域周边环境

检查组依据NY/T 1054《绿色食品　产地环境调查、监测与评价规范》的要求，对照企业提交的海域养殖证中项目海域地图坐标位置和范围进行实地查看，该养殖基地位于大连城山头海滨地貌国家级自然保护区内，养殖规模5 067.6亩，养殖海域周边的蛋砣岛是大连自然资源局的鸟类看护点，没有任何污染源，生态条件优越，为刺参增养殖提供了得天独厚的生态条件。海域生物多样性好，据不完全统计，有近百种海洋生物共生。企业设有24小时看护船，对整个养殖区域有严格的专业管护，确保不对海洋环境造成污染，保持天然生态的养殖方式（图9-3和图9-4）。

（三）检查捕捞环节

检查组实地访问养殖基地负责人和捕捞人员，并进行现场核实，企业按照制订的采捕计划捕捞，繁殖期内不采捕，捕捞时间为

图 9-3 海域周边环境

图 9-4 环境调查

每年6月、11—12月。有专门的捕捞团队和船只，潜水员人工捕捞（图9-5至图9-7）。潜水员控制采捕规格，个体达到250克以上的方可捕捞，保证养殖品种可持续发展（图9-8）。

图 9-5 潜水员捕捞作业

图 9-6 检查员检查捕捞环节

图 9-7 访问基地养殖和捕捞人员

图 9-8 检查海参长势

（四）检查鲜参运输环节

检查组现场检查了鲜参运输环节，捕捞出水的鲜活海参按照“黄金六小时”原则，在低温、密闭条件下，由专用运输车辆快速运往加工基地，避免出现化皮、吐肠等现象，保障了海参原料的品质。

（五）检查育苗环节

该企业的海参育苗分为两种方式：室内工厂化育苗和室外海面网箱生态育苗。检查组对这两种育苗方式分别进行了检查。

室内工厂化育苗　检查组从养殖用水来源、亲参采集、采卵、选育等环节入手，听取企业技术人员对海参育苗过程的详细介绍，对稚参和幼参两个关键阶段的培育密度、生长情进、饵料、病害、倒池消毒、水质改良等情况进行查看并进行风险评估（图9-9）。整个育苗周期为180～300天，长成大苗，达到1 000～2 000头/千克规格后直接投入开放性外海养殖。海参育苗养殖用水是将外海海水引入净水圈经过沉淀净化后，再引入无阀滤池内经过紫外线消毒后使用。亲参为自有国家级海参原种保护核心区内采集，抗病能力强、品种优良。育苗过程中采用微生态菌制剂（EM菌剂）改良水质、预防病害，预防效果好，杜绝了病害的发生（图9-10）。为保证海参全程的健康养殖，倒池过程不使用任何消毒剂，用高压水枪对池底和池壁作彻底清洁。稚参饵料成分为海藻粉，幼参饵料成分为海洋红母、鼠尾藻粉、马尾藻粉、海泥，饵料外购于大连本地企业，以天然海洋藻类为原料加工，无其他添加物，生产企业相关资质齐全（图9-11和图9-12）。

室外海面网箱生态育苗　此种方式为海参受精卵孵化32小时后，直接将小耳幼体投入海面搭建的网箱中，不投饵料、依靠水体中的自然营养生长，这个过程没有任何人工干预，5—11月，经过180天左右的生长周期达到1 000～2 000头/千克，随后直接投

图 9-9　检查室内育苗

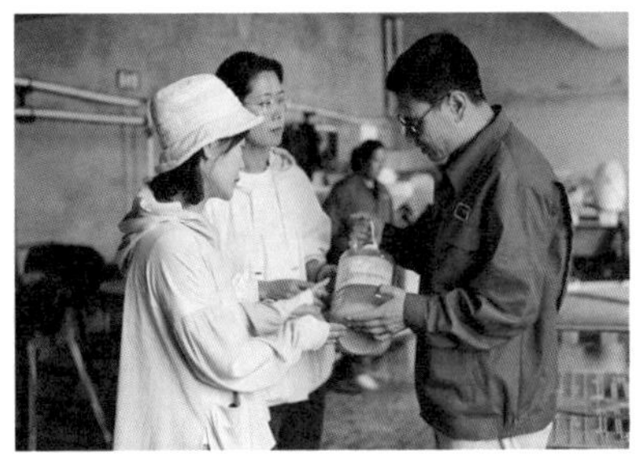

图 9-10　核查 EM 菌剂成分及使用情况

图 9-11　核查稚参饲料成分及使用情况

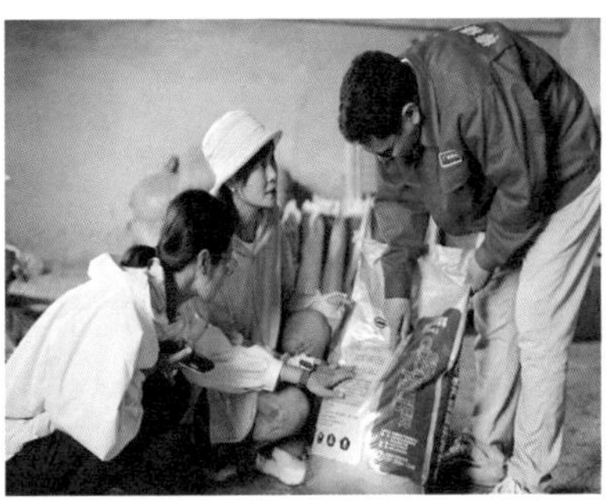

图 9-12　核查幼参饲料成分及使用情况

入开放性外海养殖，这种育苗方式为最接近野生自然繁育的方式（图9-13）。

实地查看苗种繁育记录并根据现场检查情况对苗种投放量进行核算，证实苗种投放量完全能够满足申请产量的需求（图9-14）。两种育苗方式的养殖尾水均采用专用设备处理，并有净化水系统，可以达标排放。检查组查看了企业的生产资料库房，投入品及饵料有专门库房，并由专人管理，均有购买凭证、使用记录等，除使用的投入品外，未发现绿色食品禁用物资。

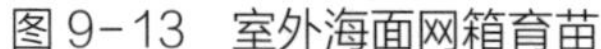

图 9-13　室外海面网箱育苗

图 9-14　查看育苗记录

（六）查阅文件（记录）

资质证明　检查员现场核对续展申请人的营业执照、商标注册证、海域使用权证、育苗许可证等原件，均真实有效（图9-15）。

生产和管理记录　检查员核查了亲参采捕记录、育苗记录、消毒记录、投入品购买使用记录、投苗记录、采捕记录、运输记录等生产过程记录，以及内部检查记录、培训记录等管理记录，所有记录齐全、真实有效（图9-16）。

图 9-15　资质证明文件

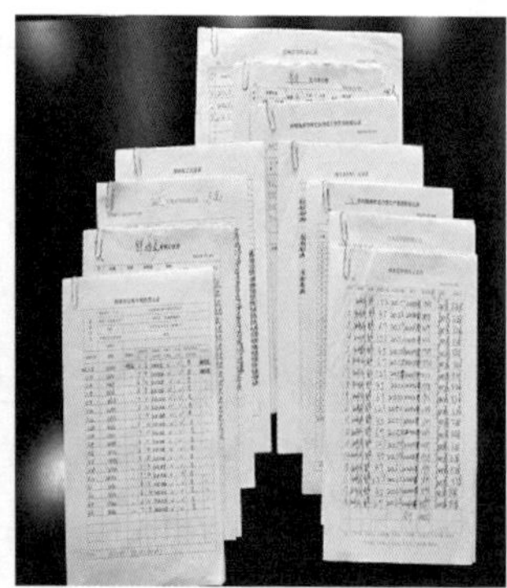

图 9-16　生产和管理记录

规范规程　检查员详细查阅了申请人绿色食品质量控制规范，繁育规程、养殖规程、运输规程等生产操作规程文件，企业的绿色食品人员组织结构齐全，质量控制规范和操作规程覆盖了生产全过程，主要内容、执行标准均已“上墙”公示，实际执行到位（图9-17和图9-18）。

图 9-17　查看规范规程公示情况

图 9-18　查看绿色食品管理制度

（七）总结会

会前沟通　全部检查结束后，检查员分别对企业质量管理体系、养殖环境、生产管理、投入品管理及使用、运输等情况进行评价，内部沟通形成现场检查意见，并与该企业管理层进行了充分的沟通，对相关问题和建议进行解释说明，双方达成一致意见（图9-19）。

通报结果　召开总结会，会上检查组组长对本次续展现场情况进行总结，检查组认为：企业组织结构、质量管理体系健全，运行良好，内检员认真履职，绿色食品的相关知识和标准贯彻到位，生产过程做到了绿色食品标识化；各项生产操作规程制定完整、合理，能在生产中有效实施；养殖基地周边生态环境好，优势明显，给海参养殖创造了很好的养殖条件；育苗的两种方式人工干预少，投入品安全，达到生态育苗；外海开放性养殖、捕捞、运输环节，保证了鲜活海参的产品品质。整体来看，该企业的生产全程符合绿色食品的标准，无风险隐患，企业有可持续发展绿色食品的理念和能力，检查组向企业通报了检查合格的意见，企业认可现场检查结论（图9-20）。

图 9-19　与管理层沟通检查情况

图 9-20　召开总结会

问题反馈　检查组向申请人提出进一步加强养殖基地鲜参收集码头附近卫生管理、提高企业内部各环节人员绿色食品理念及知识培训频次的建议，得到企业的认可，并承诺将积极落实整改。

签署文件　全体参会人员签到，填写并签署“绿色食品现场检查发现问题汇总表”，结束本次现场检查。

四、现场检查报告及处理

现场检查结束后，检查组根据检查情况和收集的检查证据信息，总结形成“水产品现场检查报告”。按期检查申请人整改落实情况，检查组组长判定合格后，将整改材料连同“水产品现场检查报告”、现场检查照片、“绿色食品现场检查会议签到表”“绿色食品现场检查发现问题汇总表”等材料一同报送大连市现代农业生产发展服务中心。大连市现代农业生产发展服务中心根据检查组的现场检查结论，向申请人发出“绿色食品现场检查意见通知书”，相关现场检查材料由绿色食品工作机构整理归档，申请人留存备查。

五、绿色食品海参现场检查案例分析

海参被誉为“海产八珍”之首，深受消费者喜爱。传统海参产品以干海参为主，因其保存周期长，适宜作为礼品馈赠，占据海参市场六成以上份额。2000年前后，出现了以增重为目的的“糖干海参”，让消费者优劣难辨。面对海参市场乱象，棒棰岛公司紧紧围绕低碳、绿色的产业发展方向，坚持走绿色优质、产出高效、产品安全、资源节约、环境友好的发展道路，一方面积极参与国家强制性标准的制定，为行业健康发展建章立制，打击海参造假行为，另一方面通过创建绿色食品基地，打造绿色产品，按照绿色食品生产的相关标准对生产全过程实施监督管理，严把生产源头的环境质量关和直接面向消费者的产品质量关，坚守绿色品质，使棒棰岛的品牌影响力和美誉度大幅提升。中国水产流通与加工协会统计，2022年，棒棰岛海参产品销售量占全国总量的1.5%，品牌市场占有率在全国同行业中排名第三，不仅成为引领行业发展的典范，而且为开展绿色食品海参养殖和现场检查工作提供了经验启示。

（一）养殖环节现场检查案例分析

1. 产地环境

棒棰岛绿色海参增养殖基地位于大连城山头海滨地貌国家级自然保护区，该保护区以地质遗迹和滨海生物为主要保护对象，其中包括刺参、皱纹盘鲍等珍贵海洋生物。自然保护区优越的生态条件以及严格的专业管护，为刺参增养殖提供了得天独厚的生态条件。同时，也对企业的育苗养殖生产提出了更高的环境要求。海参育苗用水首先要经过物理过滤、生物处理及紫外线杀菌消毒等前期处理，然后进入室内育苗池或室外育苗生态塘。室内育苗过程尽量减少人工干预，水质改良、疾病防治、饲料及添加剂使用均严格按照绿色食品的标准执行。室外育苗生态塘模拟海洋环境养殖了大量水生动植物，如刺参、海胆、鲍鱼、扇贝、牡蛎，还有海带、裙带等藻类。这些海洋生物习性不同，作用各异，构建起了一个相对稳定健康的池塘生态系统，打造了完整的食物链，保护了生物多样性，契合绿色食品自然、生态、环保、可持续发展理念，符合NY/T 391《绿色食品　产地环境质量》相关要求。

2. 种苗培育

苗种来源是确保产品品质的重要基础。本案例中，棒棰岛建设管理着我国首个国家级刺参原种场和刺参水产种质资源场。原种保护核心区蛋坨海域自然条件优越，海流畅通，海藻丛生，水质为国家一类优良水质，是大连海参（辽参）的天然栖息场所。经多年保护，原种保护核心区自然种群数量由建场初期的25万头增至100多万头，为我国刺参良种科研和产业可持续发展提供了种源基础。以刺参自然种群为亲本培育的苗种，成活率高、生长速度快、抗逆性强。

3. 养殖方式

刺参苗种采用底播增殖方式养殖，这是目前最接近野生的海参养殖方式，兼具增殖和养殖效果，生态效益和养殖效益显著。由于水位深、水温低、海参自由觅食，海参生长速度较慢，但富集的营养物质较多，品质更佳。历经3年以上的生长期后，捕捞出水的鲜活海参按照“黄金六小时”原则，在低温、密闭条件下，被快速运往加工基地，避免出现化皮、吐肠等现象，使海参原料的品质得以保障。

4. 质量管理

棒棰岛公司加工基地通过引进和自主研发生产设备，不断改进和完善生产工艺，大大提高了绿色产品质量和安全性。棒棰岛公司建立了完善的绿色食品质量管理体系，使绿色食品海参生产加工全过程规范有序。棒棰岛公司主动引进并实施国际先进的质量管理认证体系。2019年，棒棰岛公司旗下的孵化场、养殖场、加工厂通过全球水产联盟（GAA）的严格审核，成为全球首家四星级BAP（最佳水产养殖规范）海参认证企业。2020年，棒棰岛公司成为全球首家通过NSF A级海参认证的企业。

5. 风险评估

养殖模式　如为自有基地开放性底播增殖，风险点主要集中在养殖基地周边环境是否有受到污染的可能，是否能够严格按照绿色食品相关标准要求进行生产。如为池塘养殖，风险点主要集中在是否使用人工配合饲料，如使用，饲料原料来源、组成是否能满足需要，是否符合NY/T 471《绿色食品　饲料及饲料添加剂使用准则》要求。

养殖组织形式　如为公司+基地（农户），风险点主要包括两方面。一是申报企业是否有切实可行质量管控措施，确保所有基地（农户）都能统一按照企业要求执行。二是基地（农户）是否能将绿色食品标准执行到位。

基地及周边环境　主要核实苗种繁育基地及商品海参养殖基地周边是否有对海参养殖造成危害的污染源。

海参种苗来源　自有海参育苗的申报企业，风险点主要为海参育苗过程中饲料来源、组成是否符合NY/T 471《绿色食品　饲料及饲料添加剂使用准则》要求，参苗常见疫病防控措施是否符合NY/T 755《绿色食品　渔药使用准则》要求。如为外购海参苗种，风险点主要为其育苗过程是否符合绿色食品相关标准要求。

平行生产管理制度　重点关注是否能够从企业的养殖场所、饲料来源与加工、疫病防控、产品采集与贮藏运输、全过程生产记录和质量控制措施等方面确定申报企业真正做到平行生产区别管理。

（二）现场检查经验总结

检查时间选择　根据大连地区海参养殖和企业实际情况，一般应选择在海参捕捞季节（每年4—6月或11—12月）进行现场检查。

学习专业知识，熟练掌握标准 绿色食品现场检查过程就是对照标准要求，对企业申报材料进行现场核实的过程。检查员要主动学习海参养殖专业知识，以及涉及的相关标准要求，以便在现场检查过程中做到心中有数，必要时可配备技术专家予以指导。

明确检查重点，加强综合研判 在文审基础上，找出与现场检查关键环节及风险点对应的标准要求，在现场检查报告中相关部分进行标注，形成现场检查询问、查阅要点。可根据现场检查时询问、查阅情况直接填写，并与企业提供的申请材料、行业生产一般要求结合进行综合分析，形成对现场检查关键环节及风险点的初步结论，提出需要企业继续完善的内容，以便在现场检查报告中体现，在总结会上正式提出。

认真撰写报告，及时总结提高 对照检查记录，认真完成现场检查报告，综合企业申报材料、文审意见、现场检查报告，总结检查心得体会（重点包括现场检查准备是否合理、本次现场检查有哪些收获、存在哪些问题和不足、需要如何改进和提升），为以后检查相似类型的企业提供指导。

（三）建议举措

提高企业管理层对绿色食品工作的重视 在现场检查时，要求申报企业主要负责人参加首次会议和总结会，管理层参加现场检查全过程，确保申报企业管理层对现场检查提出的意见与建议落实和整改。要加强向企业管理层介绍绿色食品理念、发展趋势、市场需求等相关内容，坚定企业发展绿色食品事业的信心，形成珍惜绿色食品、重视绿色食品的良好氛围。

加强对绿色食品相关标准和知识的培训 建议把企业内检员是否积极参加绿色食品线上线下培训，企业是否对相关人员进行绿色食品知识常态化培训作为年检和续展考核条件之一，提高企业对绿色食品相关标准和全程质量控制体系要求的认识，并能将其更好地落实到实际生产过程中，营造企业上下关注绿色食品、关心绿色食品、关爱绿色食品的氛围。

供稿　大连市现代农业生产发展服务中心　黄艳玲、栾其琛

案例十

绿色食品中华绒螯蟹现场检查案例分析

——以上海宝岛蟹业有限公司为例

一、案例介绍

上海宝岛蟹业有限公司（以下简称宝岛公司）成立于2001年，注册地址位于上海市崇明区，是一家集中华绒螯蟹种源开发、蟹苗繁育、蟹种培育、成蟹养殖及加工为一体的专业性公司，为首批上海市级农业产业化龙头企业。养殖基地位于崇明岛，靠近长江入海口，环境优美，水质清洁，主要养殖品种为中华绒螯蟹。宝岛公司长期和上海海洋大学、上海市水产研究所等科研院所合作，对崇明中华绒螯蟹产业发展中的技术瓶颈进行研究，如中华绒螯蟹种源提纯复壮、养殖水质调控、病害预防、养殖规格及生态养殖模式等。宝岛公司坚持生态养殖，在养殖基地全面实施“大规格商品蟹标准化安全生产技术”，采用低密度放养方式，合理利用水域中天然水草和水生动物等自然资源，做到早放养、早开食，通过种植水草、合理养殖密度以及适时更换池水等成蟹养殖技术措施，为中华绒螯蟹提供最接近原生态的安乐居所。目前，该公司已总结形成“大水面中华绒螯蟹养殖技术操作规程”，生产的中华绒螯蟹平均每只达150克以上，被认定为国家级中华绒螯蟹标准化示范基地和国家级中华绒螯蟹良种基地。

二、现场检查准备

（一）检查任务

申请人于2022年9月27日向上海市农产品质量安全中心提出绿色食品标志使用申请，申请产品为中华绒螯蟹，产量50吨。按照《绿色食品标志管理办法》《绿色食品标志许可审查工作规范》和《绿色食品现场检查工作规范》等相关规定，经审查，申请人相关材料符合要求，由上海市农产品质量安全中心于2023年9月30日正式受理，向申请人发出“绿色食品申请受理通知书”，同时计划在中华绒螯蟹成蟹养殖期安排现场检查。

（二）检查人员

上海市农产品质量安全中心派出组，检查组须具备2名以上养殖专业资质的检查员。

（三）检查时间

根据中华绒螯蟹养殖周期和产品生产特点，检查组定于2022年12月15日对申请人开展绿色食品中华绒螯蟹现场检查，并于2022年12月6日向申请人发出“绿色食品现场检查通知书”，同时，要求申请人做好接受现场检查的各项准备，配合现场检查工作，申请人于2022年12月9日签字确认。

（四）检查内容

现场检查前，检查组成员审核申请人“绿色食品标志使用申请书”“种植产品调查表”“养殖产品调查表”、操作规程、质量管理手册、基地证明材料等，了解申请人和申报产品基本情况，制订现场检查计划。依据《绿色食品现场检查工作规范》，检查组确认本次现场检查重点内容：产地环境质量状况、周边污染源、养殖水源、养殖水体调控措施调查；蟹种来源调查；饲料来源和用量核定，以及投喂情况检查；病虫害发生规律和防控情况调查；成蟹捕捞运输情况调查；质量管理体系和生产操作规程落实情况检查、生产过程记录核实等。

三、现场检查实施

（一）首次会议

2022年12月15日，检查组到达宝岛公司，在企业会议室召开首次会议（图10-1）。会议由检查组组长主持，所有参会人员填写“绿色食品现场检查会议签到表”。会议按照如下议程进行。

图 10-1 首次会议

介绍参会人员 由检查组组长首先向申请人介绍检查组成员；由申请人代表介绍企业参会人员，包括公司法人、技术员、内检员。

检查组介绍检查目的、依据等 检查组组长代表检查组，就现场检查的目的、依据、内容、安排进行详尽的介绍，并进行保密承诺。检查组组长强调在现场检查过程中，检查员需要对现场检查各环节、重要场所、文件记录等进行拍照、复印和实物取证，做好检查记录。

申请人介绍生产管理情况 宝岛公司法人介绍了企业组织管理情况、市场发展前景；技术员介绍了养殖环境、水源、养殖品种、蟹种来源、饲料来源、病害防控情况，以及用标周期内的变化情况；内检员介绍了文件记录保存情况、水质和产品监测情况，以及内检员实施内部检查工作的具体流程。

交流质询 检查组进一步核实了管理制度、养殖规程落实情况，进一步了解了土地租赁、饵料投入、水质改良剂使用等情况。最后，双方共同确认了现场检查行程安排，申请人主要负责人、技术员、内检员陪同现场检查。

（二）调查水产养殖环境

基地及周边环境　检查组来到养殖基地现场，对照基地位置图，核实基地位置和范围。宝岛公司中华绒螯蟹养殖基地位于崇明区绿华镇绿港村，基地总面积740亩，集中连片。基地北侧靠近南横引河，南侧为国家地质公园西沙湿地，东临明珠湖，西面为新建港，基地远离城镇，远离公路、铁路、生活区，周边无工矿企业。通过与申请人交流和查阅本地区环境背景资料，检查组了解到申请人基地处于崇明岛长江入海口，利于中华绒螯蟹繁衍生息。崇明岛四面环水，是我国最大的河口冲积岛，年平均气温16.9℃，年均降水量1 300毫米，森林覆盖率高达21%以上，地势平坦，土地肥沃，空气清新，水源充足，生态环境良好。养殖用水来自长江水系，咸淡水交汇，尤其适宜中华绒螯蟹生长繁育。

养殖区域环境　检查组对照地块分布图，实地勘察养殖区域规划布局。采用网箱单一养殖模式，申请人提供的养殖区域分布图同实际一致。养殖区内环境清洁，规划合理，设施齐全，生态优良，进排水系统完善，南进北出，进排水口相距200米以上。养殖尾水处理面积达80亩，尾水进入人工净化湿地后，利用菌藻、植物和水生动物降解尾水中的有机物、氮、磷等污染物，然后进入调蓄净化湿地再次净化后排放，减轻排放对河道水体影响，有效维护生态平衡，保证基地可持续发展能力。养殖区域周边有天然沟壑、园区道路作为缓冲带和屏障，能够有效避免外来污染（图10-2）。

图 10-2　养殖基地环境

检测项目　如为初次申报，依据NY/T 391《绿色食品　产地环境质量》和NY/T 1054《绿色食品　产地环境调查、监测与评价规范》，水产养殖业区空气免测，检测项目应为底泥和渔业用水。本案例为续展企业，经检查组调查核实，申请人续展环境条件未发生变化，环境项目应予以免测。

（三）实地检查中华绒螯蟹养殖过程

检查组在实地检查过程中访问了养殖人员，详细了解宝岛公司运作和中华绒螯蟹标准化生产全过程，了解养殖人员对绿色食品理念和标准的掌握程度，观察中华绒螯蟹长势，查看水体情况、病害发生及防控情况，检查饲料组成及来源的真实性和稳定性，核实是否使用绿色食品禁用投入品，评估申请人能否有效落实绿色食品生产操作规程以保证产量和品质。

基地来源　经检查员现场了解，该申请人为流转土地统一经营模式，申请人与绿港村村民委员会签订了土地流转承包合同，就农村土地承包经营权流转事宜协商一致。申请人提供了签署的合同原件，合同上显示，申请人承租绿港村土地740亩，承包期限自2021年1月1日至2028年12月31日，土地用途为作物种植、水产养殖。申请人还提供了村民委员会出具的土地流转清单，经核对，与申报材料提供的资料一致。

蟹种放养　苗种来源为自繁自育，繁育周期约为180天，投放至养殖区域时的苗种规格为8克/只左右。为保证中华绒螯蟹品质，申请人重视蟹种质量，投放蟹种时，技术员、内检员亲自挑选把关，选择规格整齐、附肢齐全、体质健壮、体表无附着生物和寄生虫、无病无伤、爬行迅速活力好的本地自育长江水系优质蟹种（图10-3）。根据养殖模式与产量情况，合理确定放养规格和密度，放养规格为150～160只/千克，放养时间为3月上中旬，水温8～15℃。常规生产每亩放养12 000～1 600只，申请人以低密度养殖方式，投放600只/亩。

图 10-3 检查员查看种苗质量

水质管理 在水质调节方面，申请人注重保持水质“鲜、活、嫩、爽”，日常检测溶解氧、透明度、pH值、氨氮等水质指标。平时做到5～7天注水一次，高温季节每天注水10～20厘米。在水位调节方面，申请人按照“前浅、中深、后稳”的原则，分3个阶段进行水位调节。3—5月水深掌握在0.2～0.5米，6—8月控制在1.2～1.5米，9—11月稳定在1.0～1.2米，循序渐进逐步进水，从前期0.2米水深一直加水到成蟹养殖期1.2米水深。

病害防控 养殖常见中华绒螯蟹病害为纤毛虫病、蜕壳不遂病等，危害程度较轻。申请人严格遵守NY/T 755《绿色食品 渔药使用准则》，遵循“预防为主、防治结合”的原则，坚持生态调节与科学用药相结合，积极采取“清塘消毒”“种植水草”“科学投饵”“调节水质”等技术措施，预防和控制疾病的发生。一是使用生石灰全池泼洒，调节水体酸碱度，改善池塘底质，并增加池塘中的钙质。二是注重微生态制剂的应用，采用“上下结合”的办法，每15天用EM菌全池泼洒一次。三是及时加注新水，保持水质清新，并开启增氧机，防止池塘缺氧。

饲料来源 幼蟹阶段中华绒螯蟹主要摄食天然水体中的螺蛳、小鱼、小虾、水草等；成蟹阶段还应补充符合绿色食品要求的配合饲料。中华绒螯蟹摄食的小鱼、小虾、螺蛳为养殖基地水体中自然繁育。配合饲料为外购绿色食品生产资料，申请人提供了饲料购买协议和发票。养殖过程中培育的水草以伊乐藻为主，搭配种植轮叶黑藻、苦草等其他沉水植物，全池水草覆盖率保持在60%左右。经查看养殖记录和询问职工，养殖人员每日巡塘，观察水质变化，检查中华绒螯蟹活动、摄食情况，检修养殖设施。

日常管理 中华绒螯蟹养殖周期为8个月。申请人严格遵循绿色食品生产标准，积极探索绿色生态养殖模式，加大科研投入，依托市科研院所、配合农业部门开展产业技术体系建设，以低密度方式进行养殖。在日常管理上坚持做好“四查”“四勤”“四定”和“四防”工作。四查：查蟹种吃食情况、查水质、查生长、查防逃设施。四勤：勤巡塘、勤除杂草、勤做清洁卫生工作、勤记录。四定：投饲要定质、定量、定时、定位。四防：防敌害生物侵袭、防水质恶化、防蟹种逃逸、防偷（图10-4）。

图 10-4 询问养殖人员，了解日常管理情况

（四）检查生产资料

检查组对生产资料库房进行了现场检查，查阅了出入库记录，检查渔药、饲料等投入品的成分、来源和库存情况（图10-5）。经检查，申请人有专门的渔药和饲料仓库，渔药仓库内有池塘消毒剩余的生石灰，没有其他渔药库存，饲料仓库存放有绿色食品生产资料螃蟹配合饲料，饲料成分符合NY/T 471《绿色食品 饲料

图 10-5 检查员核对库存饲料的名称、生产许可证号、有效期等信息

及饲料添加剂使用准则》的要求。投入品来源证明和出入库记录齐全，没有发现绿色食品禁用投入品。检查生石灰和饲料标签的名称、有效成分、使用方法等内容，与中华绒螯蟹养殖操作规程和实际生产情况基本一致。

（五）检查产品捕捞运输

一般9月中下旬开始捕捞上市，大批量捕捞时间在10—12月，具体根据当年养殖实际情况略有调整。捕捞工具主要为地笼，以地笼张捕为主。蟹达到上市规格后，即用地笼捕捉，待基本捕捞结束时再进行干塘起捕。使用食品级泡沫箱装箱，并垫上冰袋后专车运输。检查组还对宝岛公司职工进行了随机访问，他们对绿色食品标准和养殖操作规程有一定了解，经核实，内检员职责能够有效落实（图10-6）。

图 10-6　检查员向企业员工了解捕捞运输情况

（六）检查文件与记录

申请人建立了绿色食品质量管理制度，制定了绿色食品中华绒螯蟹养殖操作规程，相关制度和标准在基地内公示。“水产养殖生产记录”中详细记录了养殖单位名称与地址、养殖规模、塘号、天气、水温、日投饲量、吃食情况、是否浮头、是否开增氧机、施药情况、换水量、肥水情况等，记录保存3年。检查员还重点核实了投入品购买合同及票据原件，确定其真实性和有效性。文件记录中未发现不符合项（图10-7）。

图 10-7 查阅文件与记录，向内检员核实情况

（七）总结会

内部沟通 召开总结会前，检查组对申请人的具体情况进行讨论和风险评估，通过内部沟通形成现场检查意见：申请人建立了有效质量管理制度，制度能够有效落实，能够保证中华绒螯蟹质量安全稳定；公司员工了解绿色食品标准和绿色食品中华绒螯蟹养殖操作规程，并按照公司要求执行；养殖基地环境整洁，未发现有造成污染的风险；养殖过程中所使用的饲料、渔药等投入品来源稳定，无违禁投入品使用现象，各项记录齐全。

图 10-8 管理层沟通

管理层沟通 由检查组和企业法人参加，检查组组长代表检查组，就检查意见同企业法人进行了充分沟通，对相关问题和制度标准进行了解释说明，企业法人表示认可检查意见，双方达成共识（图10-8）。

通报结果 检查组组长主持总结会，向申请人通报现场检查意见。检查组认为，经检查，申请人养殖基地环境优良，生态系统多样，产地周围5千米，且主导风向的上风向20千米范围内无工矿污染源，基地周边未发现污染源和潜在污染源。申请人质量管理体系较为健全，机构设置及人员分工明确，养殖技术与管理措施符合绿色食品相关标准与要求，生产资料符合绿色食品准则要求，无违禁投入品使用现象，各项记录齐全。综合考虑，申请人的资质条件、产地环境、养殖过程、质量管理、捕捞运输等方面基本符合绿色食品标准的要求，具备可持续发展绿色食品的能力。现场检查建议合格。

问题反馈 现场检查发现申请人投入品有购买凭证和使用记录，但出入库记录存在不规范的问题，检查组建议申请人进一步规范投入品管理制度，进一步完善投入品出入库记录，提高绿色食品质量管理水平。申请人对检查结果表示认同，承诺将按照检查组要求落实整改。并表示后续将定期开展绿色食品专题培训，并严格落实内部检查制度。

签署文件 双方签署“绿色食品现场检查会议签到表”“绿色食品现场检查发现问题汇总表”等检查文件，结束本次现场检查。

四、现场检查报告及处理

现场检查结束后，检查组根据检查情况和收集的检查证据信息，总结形成“现场检查报告”。按期检查申请人整改落实情况，检查组组长判定合格后，将整改材料连同“水产品现场检查报告”、现场检查照片、“绿色食品现场检查会议签到表”“绿色食品现场检查发现问题汇总表”等材料一同报送上海市农产品质量安全中心。上海市农产品质量安全中心根据检查组的现场检查结论，向申请人发出“绿色食品现场检查意见通知书”，相关现场检查材料由绿色食品工作整理归档，申请人留存。

五、绿色食品中华绒螯蟹现场检查案例分析

现场检查工作是收集资料和审核证据的重要方法。在现场检查过程中，检查组可以全面真实地收集第一手资料，为评估申请人生

产经营符合绿色食品标准规范与否提供可靠的依据，应高度重视此项工作，以下主要结合本案例，从水产品现场检查的重点要求和关键要素展开描述。

（一）做好现场检查前的充分准备

熟悉申请人和申报产品基本情况　在现场检查开展之前，检查组每一位成员都应该充分了解申请人和申报产品基本情况。熟悉申请人基地位置、养殖模式、养殖规模、申报产品、饲料来源、蟹病防控等基本信息。应罗列出现场检查的提纲和检查要点，尤其对审查材料过程中存疑的地方应做好记录，如饲料供货是否稳定、本年度蟹病发生情况、水质调控措施等，以便在现场检查时进一步核实，必要时可向水产技术推广部门咨询，了解常规养殖的做法，为开展好现场检查打好基础。

提前与申请人沟通检查细节　每年9月下旬至12月是成蟹捕捞上市的季节，检查组要与申请人充分沟通，合理安排中华绒螯蟹的现场检查时间。如申请人自己种植玉米、南瓜等作为植物源饲料投喂，还应对种植产品实施补充检查。确定检查时间后，检查组还应与申请人沟通确定检查要点、参会人员和申请人须提前准备的工作细节等（图10-9），提前3个工作日下发“绿色食品现场检查通知书”，并得到申请人回复。

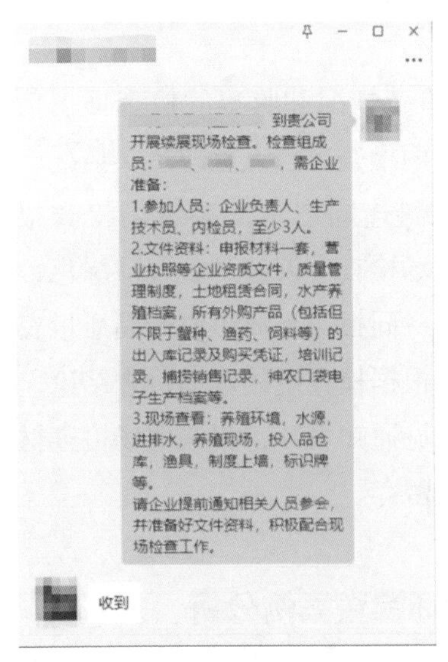

图 10-9　检查员与申请人沟通明确检查须提前准备的工作细节

本案例中检查员在下发检查通知书后，又进一步详细罗列申请人要做好的具体准备，要求申请人做好人员和资料的准备，提高申请人对现场检查的重视程度，有效避免现场检查走过场。

（二）避免现场检查流于形式，提高现场检查工作质量

现场检查要严格按照绿色食品程序规范实施。根据《绿色食品现场检查工作规范》的具体要求，现场检查应覆盖召开首次会议、产地环境调查、实地检查、查阅文件和记录、随机访问、召开总结会等程序，覆盖产地环境、生产过程、包装贮运等全部生产环节，结合产品生产特点，突出风险控制薄弱环节和质量关键控制点，着力提高现场检查的专业性、实效性。首次会议环节是检查组和申请人第一次正式面对面交流，首次会议开得好，对申请人的配合程度、检查发现问题的沟通有效性等都至关重要。因此，要重视首次会议的仪式感，检查组应向申请人详细介绍检查的目的、依据、内容、安排，并进行保密承诺，以首次会议的形式树立现场检查的严肃性，有效避免现场检查流于形式，提高现场检查工作质量。

（三）重点核实关键风险点

1. 产地环境

“水源好、苗种优、水平衡、饵料净、底质洁”是水产养殖的重点要素。检查组首先应对渔业用水来源进行核查，特别要了解水源上风向及周边河道是否存在潜在污染源，如存在引起养殖用水受污染的污染物，要核查污染物来源及处理措施。现场要查看池塘水色，须无明显污染物，且具有一定透明度；查看进排水口是否分开，进水口附近有无垃圾；查看尾水排放及净化措施等。本案例中，申请人以保持和优化养殖水体生态系统为基础，结合中华绒螯蟹的习性特点，主要采用调节水质、培育水草等措施，创造有利于中华绒螯蟹的生存环境、提高生物多样性、维护生态系统平衡，同时，设置养殖尾水三级净化系统，不仅达到了NY/T 391《绿色食

品　产地环境质量》的要求，而且最大限度减少水产养殖尾水对环境的影响，充分体现了绿色食品可持续发展的理念，实现了经济效益、社会效益和生态效益的统一。

2. 苗种投放

外购苗种　要查看苗种供应方的苗种生产许可证，核查许可证上的苗种品种是否为申请人养殖的品种；核查苗种投放量、投放规格，应满足申请产量需求；查看苗种购买合同（协议）及购销凭证，合同（协议）应至少签满3年；了解苗种运输方式以及在运输过程中疾病发生和防治情况。

自繁自育苗种　要了解蟹苗繁育、蟹种养殖方式；重点核查苗种培育周期；核查育苗场养殖用水来源；核查苗种投放至养殖场所时的规格，投放量应满足申请产量需求；查看繁育记录。本案例中，申请人自繁自育苗种，培育周期约为180天，注重早期肥水管理，栽种水草，及时加注新水，提高蟹苗至幼蟹阶段的存活率。

3. 肥水情况及水草栽种

肥水情况　使用肥料肥水，水体具有一定肥度，溶氧高，具有丰富的藻相，是养殖好的开端。前期肥水有利于保持水体稳定性、水草生长、螺蛳繁殖、预防青苔等。①询问申请人了解肥水措施，一般水体肥水以施用有机肥为主，要核实肥料类别、来源、使用量、使用时间、使用方法是否符合NY/T 394《绿色食品　肥料使用准则》标准要求。②外购肥料的，查看购买合同（协议）及购销凭证，合同（协议）有效期应在3年（含）以上，购买量应满足需求量。③查看肥料使用记录。

水草栽种　蟹塘常用水草种类有伊乐藻、轮叶黑藻、苦草。水草覆盖率控制在50%～60%，可有效发挥水草提供栖息环境和净化水质的作用，又可以避免水草过多造成溶解氧、pH值等水体因子变化幅度过大。核查水草栽种补种、水草病虫害发生及防控情况、水草刈割及捞除情况，查阅相关记录。

4. 饲料及饲料添加剂使用情况

大水面养殖不投饵的情况　在湖泊、水库等内陆水体开展中华绒螯蟹大水面养殖，一般采用不投饵生态养殖模式，注意核实蟹种放养量、生长情况、申报产量与该养殖方式是否相匹配。

外购饲料及饲料添加剂的情况　根据中华绒螯蟹不同生长阶段的营养需求和不同季节的水温情况，按照“前后精、中间青、荤素搭配、青精结合”的原则，重点核实投喂情况。本案例中，申请人外购螃蟹饲料进行投喂，检查时应注意：①核查各饲料原料及饲料添加剂的来源、比例、年用量，成分应符合NY/T 471《绿色食品　饲料及饲料添加剂使用准则》的要求；查看饲料包装标签中名称、主要成分、生产企业等信息；②查看购买合同（协议）及购销凭证，合同（协议）有效期应在3年（含）以上，并确保至少1个绿色食品用标周期内原料供应的稳定性；购买量应满足需求量；③查看饲料使用记录及饲料仓库。

自种饲料原料的情况　如自种玉米等作物作为中华绒螯蟹的植物源饲料，要按照绿色食品种植产品现场检查的要求对自种原料进行检查。种植作物生长期与养殖现场检查不在同一时期的，应进行补充检查，并填写“种植产品现场检查报告”。检查时应重点关注：①所用农药是否会对养殖活动造成影响，作物收获量是否满足生产需求；②农药选用应符合NY/T 393《绿色食品　农药使用准则》的要求，同时还应查看农药标签，标注“远离水产养殖区、河塘等水体施药”“水产养殖区、河塘等水体附近禁用”或“鱼或虾蟹套养稻田禁用”的农药不得使用；③了解自制植物源饲料的投喂方法，如玉米蒸熟投喂时不得添加绿色食品禁用物质。查阅种植记录、饲料制作和投喂记录。

5. 渔药使用情况

核查养殖过程渔药、消毒剂、水质改良剂等投入品使用情况

投入品检查是确保绿色食品质量安全的重中之重，检查组要向申请人管理层、养殖员工等多方了解本年度使用药剂名称及其有效成分、防治的疾病、使用量、使用方法、停药期等，并与渔药、疫苗、水质改良剂、消毒剂等投入品使用原始记录核对，核查申请人描述情况与记录是否一致；查看相关记录及渔药仓库。

运输阶段疾病防控、消毒等情况同样要按照养殖过程实施核查

由于水产品鲜活运输、鲜活销售的特殊性，运输过程中一般要采用控温等措施来保障或提高水产品存活率。要注意向申请人了解运输过程中减少水生生物应激的措施、保障或提高存活率的措施，查看运输记录以及渔具、渔药等存放点。

现场检查是发现问题、防范风险的有效途径。以上仅就水产品现场检查中的五大重点环节进行描述，企业管理、包装销售、文件记录等内容的检查要求与种植、加工检查相通，不一一赘述。

供稿　上海市农产品质量安全中心　杨琳

附件　水产品现场检查报告（节选）

附件 水产品现场检查报告（节选）

CGFDC-JG-09/2022

水产品现场检查报告

<table>
<tr><td colspan="2">申请人</td><td colspan="5">上海宝岛蟹业有限公司</td></tr>
<tr><td colspan="2">申请类型</td><td colspan="5">□初次申请 ☑续展申请 □增报申请</td></tr>
<tr><td colspan="2">申请产品</td><td colspan="5">中华绒螯蟹</td></tr>
<tr><td colspan="2">检查组派出单位</td><td colspan="5">上海市农产品质量安全中心</td></tr>
<tr><td rowspan="6">检查组</td><td rowspan="2">分工</td><td rowspan="2">姓名</td><td rowspan="2">工作单位</td><td colspan="3">注册专业</td></tr>
<tr><td>种植</td><td>养殖</td><td>加工</td></tr>
<tr><td>组长</td><td>吴××</td><td>上海市崇明区农业质量安全中心</td><td>√</td><td>√</td><td>√</td></tr>
<tr><td rowspan="3">成员</td><td>贺××</td><td>上海市崇明区农业质量安全中心</td><td>√</td><td>√</td><td>√</td></tr>
<tr><td>张××</td><td>上海市崇明区农业质量安全中心</td><td>√</td><td></td><td>√</td></tr>
<tr><td>顾××</td><td>上海市崇明区农业质量安全中心</td><td>√</td><td></td><td>√</td></tr>
<tr><td colspan="2">检查日期</td><td colspan="5">2022年12月15日</td></tr>
</table>

中国绿色食品发展中心

注：标 ※ 内容应具体描述，其他内容做判断评价。

一、基本情况

序号	检查项目	检查内容	检查情况
1	基本情况	（略）	
2	基地及产品情况	※简述基地位置、面积	基地位于崇明区绿华镇绿港村，总面积740亩
		※简述养殖品种、养殖密度及养殖周期	中华绒螯蟹，放养量600只/亩，养殖周期8个月左右
		※简述养殖方式（湖泊养殖/水库养殖/近海放养/网箱养殖/网围养殖/池塘养殖/蓄水池养殖/工厂化养殖/稻田养殖/其他养殖）	池塘养殖
		※简述养殖模式（单养/混养/套养）、混养/套养品种及比例	单养
		※简述生产组织形式［自有基地、基地入股型合作社、流转土地、公司+合作社（农户）等］	流转土地，公司统一经营管理
		基地/农户/社员/内控组织清单是否真实有效？	是
		合同（协议）及购销凭证是否真实有效？	是
		基地位置图和养殖区域分布图与实际情况是否一致？	是

二、质量管理体系

（略）

三、产地环境质量

<table>
<tr><td rowspan="7">6</td><td rowspan="7">产地环境</td><td>※简述地理位置、水域环境</td><td>崇明区处于长江入海口，四面环水，是我国最大的河口冲积岛，地势平坦，土地肥沃，森林覆盖面积广。公司基地位于崇明区绿华镇绿港村，靠近国家地质公园西沙湿地，基地集中连片，周边无工业污染源，水源为长江水</td></tr>
<tr><td>※简述渔业生产结构</td><td>崇明区主要以中华绒螯蟹及四大家鱼养殖为主。该养殖基地采用中华绒螯蟹单养模式，水域内栽种伊乐藻等水草</td></tr>
<tr><td>※简述生态环境保护措施</td><td>崇明区建设世界级生态岛，森林覆盖率21%以上，严禁环境污染型企业落户，居民环保意识高。该养殖基地养殖废水经人工湿地净化后排到河道，能有效维护生态平衡，保证基地可持续发展能力</td></tr>
<tr><td>产地是否距离公路、铁路、生活区50米以上，距离工矿企业1千米以上？</td><td>是</td></tr>
<tr><td>产地是否远离污染源，具备切断有毒有害物进入产地的措施？</td><td>是</td></tr>
<tr><td>绿色食品与非绿色生产区域之间是否有缓冲带或物理屏障？</td><td>是</td></tr>
<tr><td>是否能保证产地具有可持续生产能力，不对环境或周边其他生物产生污染？</td><td>是</td></tr>
</table>

<table>
<tr><td rowspan="4">7</td><td rowspan="4">渔业用水</td><td>※简述来源</td><td>长江水</td></tr>
<tr><td>※简述进排水方式</td><td>水泵抽水，进排水管道分开</td></tr>
<tr><td>是否定期检测？检测结果是否合格？</td><td>是</td></tr>
<tr><td>是否有引起水源受污染的污染物？描述其来源</td><td>否</td></tr>
<tr><td rowspan="11">8</td><td rowspan="11">环境检测项目</td><td rowspan="3">空气</td><td>□检测</td></tr>
<tr><td>☑水产养殖业区免测</td></tr>
<tr><td>□续展产地环境未发生变化，免测</td></tr>
<tr><td rowspan="4">渔业用水</td><td>□检测</td></tr>
<tr><td>□深海渔业用水免测</td></tr>
<tr><td>□提供了符合要求的环境背景值</td></tr>
<tr><td>☑续展产地环境未发生变化，免测</td></tr>
<tr><td rowspan="4">底泥</td><td>□检测</td></tr>
<tr><td>□深海和网箱养殖区免测</td></tr>
<tr><td>□提供了符合要求的环境背景值</td></tr>
<tr><td>☑续展产地环境未发生变化，免测</td></tr>
</table>

四、苗　种

<table>
<tr><td>9</td><td>外购</td><td colspan="2">（略）</td></tr>
<tr><td rowspan="4">10</td><td rowspan="4">自繁自育</td><td>※简述繁育方式（自然繁殖/人工繁殖/人工辅助繁殖）</td><td>自然繁殖</td></tr>
<tr><td>※简述苗种培育周期及投放至养殖区域时的苗种规格</td><td>周期约为180天，投放至养殖区域时的苗种规格为8克/只左右</td></tr>
<tr><td>※苗种及育苗场所是否消毒？说明药剂名称、使用量、使用方法</td><td>使用生石灰进行消毒，全池撒施，每亩用生石灰75千克</td></tr>
<tr><td>是否有繁育记录？</td><td>是</td></tr>
</table>

五、饲料及饲料添加剂

<table>
<tr><td rowspan="6">11</td><td rowspan="6">饲料及饲料添加剂使用</td><td>※简述各生长阶段饲料及饲料添加剂来源</td><td>幼蟹阶段：摄食天然水体中的螺蛳、小鱼、小虾、水草为主。成蟹阶段：①天然水体中的小鱼、小虾、螺蛳、水草等；②外购饲料，上海××饲料发展有限公司绿色螃蟹配合饲料</td></tr>
<tr><td>各生长阶段饲料及饲料添加剂组成、用量、比例是否可以满足该生长阶段营养要求？（包括外购苗种投放前及捕捞后运输前暂养阶段）</td><td>是</td></tr>
<tr><td>外购商品饲料、外购饲料原料、饲料添加剂是否有购买合同（协议）及购销凭证？</td><td>是</td></tr>
<tr><td>是否对自行种植的植物性饲料原料开展现场检查？</td><td>不涉及</td></tr>
<tr><td>是否使用NY/T 471标准中规定的不应添加的物质？</td><td>否</td></tr>
<tr><td>是否有饲料使用记录？</td><td>是</td></tr>
<tr><td>12</td><td>饲料加工情况</td><td colspan="2">（略）</td></tr>
</table>

六、肥料情况

（略）

七、疾病防治与水质改良

15	疾病预防与治疗情况	※简述当地同种水产品发生的疾病及流行程度	寄生虫病、细菌性病害，流行程度较轻
		※简述同种水产品易发疾病的预防措施	寄生虫病、细菌性病害，主要以预防为主
		※简述申请产品疾病预防措施	投放优质蟹种，合理种植水草，适当换水，增加水体益生菌，改善水质
		※简述发生过的疾病、危害程度及治疗措施	预防为主，本年度未发生大面积病害
		※说明使用渔药、疫苗的名称、用途、使用量（浓度）、使用方法及停药期	生石灰消毒剂（CaO）清塘，75千克/亩，2月上旬使用，至少1周后再放苗；投入EM菌剂（水产专用），250毫升/亩，改善水质，每半个月全池泼洒一次
		是否以预防为目的使用药物饲料添加剂?	否
		是否为了促进水产品生长，使用抗菌药物、激素或其他生长促进剂?	否
16	水质改良情况	※简述养殖水体水质改良措施，说明使用药剂名称、用量、用途及使用方法	EM菌剂（水产专用），250毫升/亩，改善水质，每半个月全池泼洒一次
		※简述养殖区域消毒措施，说明使用消毒剂名称、用量及使用方法	全池泼洒生石灰，75千克/亩，2月上旬施用
17	投入品使用记录	是否有渔药、疫苗、水质改良剂、消毒剂等投入品使用记录?	是

八、收获后处理

18	收获情况	※简述捕捞时间	9月下旬至12月下旬
		※简述捕捞方式及捕捞工具	人工捕捞、地笼捕捞
		是否有捕捞记录？	是
		海洋捕捞是否符合NY/T 1891标准要求？	不涉及
19	产品初加工情况	（略）	

九、包装与储运

20	包装材料	※简述包装材料及来源	食品级保温泡沫箱
		※简述周转箱材料，是否清洁？	暂养笼（网箱），清洁
		包装材料选用是否符合NY/T 658标准要求？	是
		是否使用聚氯乙烯塑料？直接接触绿色食品的塑料包装材料和制品是否符合以下要求：未含有邻苯二甲酸酯、丙烯腈和双酚A类物质；未使用回收再用料等	否，符合
		纸质、金属、玻璃、陶瓷类包装性能是否符合NY/T 658标准要求	是
		油墨、贴标签的黏合剂等是否无毒，是否直接接触食品？	不涉及
		是否可重复使用、回收利用或可降解？	是
21	标志与标识	是否提供了含有绿色食品标志的包装标签或设计样张？	是
		包装标签标识及标识内容是否符合GB 7718、NY/T 658标准要求？	是

21	标志与标识	绿色食品标志设计是否符合《中国绿色食品商标标志设计使用规范手册》要求?	是
		包装标签中生产商、产品名称、商标等信息是否与上一周期绿色食品标志使用证书中一致?（续展）	是
22	生产资料仓库	是否与产品分开储藏?	是
		※简述卫生管理制度及执行情况	仓库专人专职管理，有定期检查制度，并做记录
		绿色食品与非绿色食品使用的生产资料是否分区储藏、区别管理?	是
		是否储存了绿色食品生产禁用物?禁用物如何管理?	否
		出入库记录和领用记录是否与投入品使用记录一致?	是
23	产品储藏仓库	周围环境是否卫生、清洁，远离污染源?	是
		※简述仓库内卫生管理制度及执行情况	池塘内网箱暂养
		※简述储藏设备及储藏条件，是否满足产品温度、湿度、通风等储藏要求?	网箱暂养，满足要求
		※简述堆放方式。是否会对产品质量造成影响?	不涉及
		是否与有毒、有害、有异味、易污染物品同库存放?	否
		※简述与同类非绿色食品产品一起储藏的防混、防污、隔离措施	不含非绿色食品产品

23	产品储藏仓库	※简述防虫、防鼠、防潮措施，说明使用的药剂种类和使用方法。是否符合NY/T 393标准规定？	不涉及
		是否有储藏管理记录？	不涉及
		是否有产品出入库记录？	是
24	运输管理	※说明运输方式及运输工具	专用运输车
		※简述保活（保鲜）措施，说明药剂名称、使用量、使用方法及避免对产品产生污染的措施	底部垫放冰袋，不用药剂
		※简述运输工具清洁措施，说明药剂名称、使用量、使用方法及避免对产品产生污染的措施	清水冲洗
		※运输工具是否同时用于绿色食品和非绿色食品？简述防止混杂和污染的措施	否，绿色食品专用运输车
		是否与化学物品及其他任何有害、有毒、有气味的物品一起运输？	否
		铺垫物、遮垫物是否清洁、无毒、无害？	是
		是否有运输过程记录？	是

十、废弃物处理及环境保护措施

25	废弃物处理	尾水、养殖废弃物、垃圾等是否及时处理？	是
		废弃物存放、处理、排放是否对食品生产区域及周边环境造成污染？	否
26	环境保护	※如果造成污染，采取了哪些保护措施？	养殖废水经人工湿地净化后再排入外河道，如果生产区受到污染，封塘无害化处理，并进行水质净化

十一、绿色食品标志使用情况（仅适用于续展）

27	是否提供了经核准的绿色食品标志使用证书?	是
28	是否按规定时限续展?	是
29	是否执行了《绿色食品标志商标使用许可合同》?	是
30	续展申请人、产品名称等是否发生变化?	否
31	质量管理体系是否发生变化?	否
32	用标周期内是否出现产品质量投诉现象?	否
33	用标周期内是否接受中国绿色食品发展中心组织的年度抽检?产品抽检报告是否合格?	是
34	※用标周期内是否出现年检不合格现象?说明年检不合格原因	否
35	※核实用标周期内标志使用数量、原料使用凭证	用标量与证书上产量能够对应
36	申请人是否建立了标志使用出入库台账，能够对标志的使用、流向等进行记录和追踪?	是
37	※用标周期内标志使用存在的问题	无

十二、收获统计

※产品名称	※养殖面积（万亩）	※养殖周期	※预计年产量（吨）
中华绒螯蟹	0.074	8个月	50

案例十一

绿色食品月饼及其馅料现场检查案例分析

一、案例介绍

本案例是一家大型现代化食品生产企业。企业建有绿色食品高标准月饼与食品馅料系列产品加工基地，拳头产品纯白莲蓉馅料、纯红莲蓉馅料、蛋黄纯白莲蓉月饼、蛋黄纯红莲蓉月饼、金装双黄纯白莲蓉月饼在2006年首次获得绿色食品认证，发挥了良好的品牌效应，获得地方政府、社会各界以及消费者的一致认可和好评。企业获得“最美绿色食品企业”等荣誉。

二、现场检查准备

（一）检查任务

申请人于2021年7月21日向广州市绿色食品办公室提出绿色食品标志使用续展申请，申请产品为纯白莲蓉馅料、纯红莲蓉馅料、蛋黄纯白莲蓉月饼、蛋黄纯红莲蓉月饼、金装双黄纯白莲蓉月饼。按照《绿色食品标志管理办法》等相关规定，经审查，申请人相关材料符合要求，由广州市绿色食品办公室于2021年7月26日正式受理，向申请人发出“绿色食品申请受理通知书”，同时计划安排现场检查。

（二）检查人员

广州市绿色食品办公室派出检查组，检查组成员如下。

组长：广州市绿色食品办公室　高级检查员　郭碧瑜

组员：广州市绿色食品办公室　高级检查员　梁启防

（三）检查时间

根据月饼和馅料产品生产特点，检查组定于2021年7月27日对申请人实施绿色食品现场检查。广州市绿色食品办公室提前与申请人做好沟通，确定现场检查日期，并向申请人发出“绿色食品现场检查通知书”，申请人签收确认。

（四）检查内容

现场检查前，检查组成员审核“绿色食品标志使用申请书”“加工产品调查表”、生产操作规程、质量管理手册、加工生产记录、原料采购合同和发票等证明材料，了解申请人和申报产品基本情况，制定现场检查计划。依据绿色食品标准规范，检查组确认本次现场检查重点内容：调查申请产品蛋黄纯白莲蓉月饼、蛋黄纯红莲蓉月饼、金装双黄纯白莲蓉月饼、纯白莲蓉馅料、纯红莲蓉馅料产地环境质量及周边污染源情况，检查申请人生产操作规程和质量管理制度落实情况，核实原辅料等采购情况、使用情况以及生产记录等，验证蛋黄纯白莲蓉月饼、蛋黄纯红莲蓉月饼、金装双黄纯白莲蓉月饼、纯白莲蓉馅料、纯红莲蓉馅料加工、包装、贮运等生产各环节与申请材料的一致性，及其与绿色食品标准的符合性。

三、现场检查实施

（一）首次会议

检查组来到企业办公楼，召开首次座谈会，检查组成员、企业管理人员、技术人员和内检员参加会议（图11-1）。检查组组长向企业参会人员介绍检查组成员、现场检查的目的及现场检查的程序要求等事项。企业负责人向检查组介绍企业基本情况、基地建设情况、申请产品和原辅料的名称、来源、购货方式、绿色食品生产规划、生产工艺流程、产品质量保障措施、绿色食品与非绿色食品的区别管理体系，以及生产过程中执行绿色食品标准、规范执行的具体情况等。最后，双方共同确认了现场检查行程安排。

图 11-1　首次会议

（二）调查加工厂环境

检查组来到加工厂，调查厂区环境质量。加工厂远离主干公路、铁路、生活区，周边无工矿企业，厂区环境整洁干净。生产车间密封，车间设施多为食品级不锈钢材质，使用清水冲洗后，再用二氧化氯消毒处理，洁净卫生。原料仓库与生产车间单独进出，人员与货物运输通道分开，设计合理，运行有序。产前车间消毒，生产过程中工作人员穿工作服、戴帽、戴口罩，洗手消毒，产后及时清洁，卫生管控严格。企业严格执行环保标准，废水经废水处理系统处理达标后进入市政管网，莲子皮、莲子心等下脚料外卖处理，不会对周边环境产生污染。经检查，加工厂区环境保持良好，厂区及车间布局合理，生产设备设施清洁卫生，厂区加工生产人员卫生控制严格，加工用水经净化处理，各项生产管理运行良好（图11-2）。

图 11-2　检查加工车间环境和布局

（三）检查月饼和馅料标准化生产及质量管理体系运行情况

加工流程 绿色食品专用生产线标识清晰，避免交叉污染（图11-3）。检查组对月饼和馅料的加工过程进行了详细了解，检查组认为，企业生产加工工艺成熟，关键控制环节措施有效，无明显潜在食品安全风险（图11-4）。检查组与企业有关技术人员和质量管理人员进行现场访谈，了解到主要技术岗位为熟练工，经常接受企业组织的绿色食品相关培训，掌握绿色食品生产技术要求（图11-5）。

图 11-3 绿色食品专用生产线

图 11-4 月饼生产加工过程

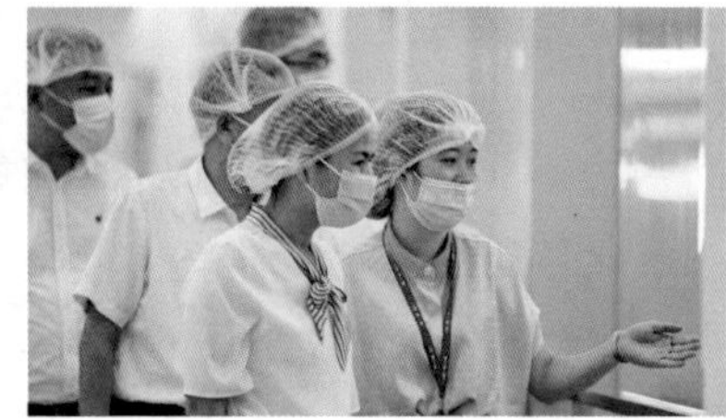

图 11-5 检查员与生产技术人员交流

质量管理体系 企业先后建立起ISO9001质量管理体系、ISO22000食品安全管理体系、食品危害分析及关键控制点（HACCP）体系、FSSC22000食品安全管理体系，每个生产车间均严格按照药品生产质量管理规范（GMP）和食品卫生标准操作程序（SSOP）要求设计和建造，从原料进厂到产品出仓实施全过程的检验和监控，全面推行6S管理，构成了强大的食品安全管理体系。企业已通过美国食品药品监督管理局（FDA）和中国合格评定国家认可委员会（CNAS）的审核，食品安全管理水平和食品检测能力已达到国际先进水平。经检查，企业生产组织管理体系完善，管理制度严明，岗位职责明确，体系运行有效，建立了全面的生产记录，设立了绿色食品宣传栏（图11-6），在生产中能有效落实绿色食品发展理念和技术标准，具备绿色食品生产条件和产品质量溯源能力。

图 11-6　绿色食品宣传栏

食品检测中心　检查组对食品检测中心质检实验室设施设备的运行及管理情况、计量仪器设备的校准及使用情况进行检查。企业生产出的产品均须分批检测，严格把控所有产品的各项理化和卫生指标，并建立检测记录，出具产品检验报告。

（四）检查原料仓库

绿色食品原料仓库货架标识清晰，物品摆放整齐。检查组根据产品原料生产配方，主要检查了原辅料（特别是绿色食品原料）及食品添加剂的品种、来源以及采购量是否满足实际生产需求，并符合绿色食品相关要求；检查是否存放或使用了绿色食品禁用投入品，并核查原料购买、出入库原始凭证等（图11-7）。

（五）检查产品贮藏、包装

企业建有独立的成品仓库，有严格的出入库管理制度，安排专人管理卫生及出入库记录，成品存放标识清晰，认证产品用标规范，包装材料、材质环保。每个月饼均有独立包装，外包装为铁盒，专车运至专用常温库储藏。产品上市前，使用纸箱包装运输，符合绿色食品相关标准要求。

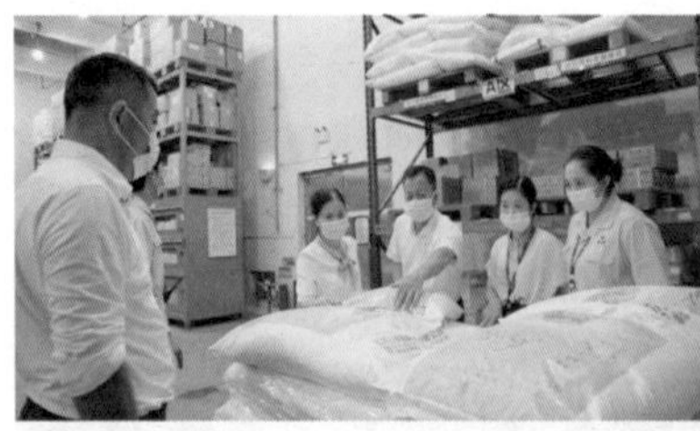

图 11-7　检查绿色食品原料仓库

图 11-8　查阅生产记录

（六）检查生产记录

企业建立了全面规范的生产记录体系，记录了原料与添加剂供应、使用和预处理，以及加工、包装、检验、仓储、运输、销售等情况，记录保存3年（图11-8）。

（七）总结会

会前沟通　召开总结会前，检查组内部交流了检查情况，形成了现场检查意见，并与该企业管理人员进行了充分沟通，对相关问题和制度标准进行了解释说明，双方达成共识。

通报结果　检查组召开总结会。检查组组长向申请人通报检查结果，检查组认为，经检查，申请人生产厂区环境优良，厂区环境干净卫生，适宜发展绿色食品。申请人各项规章制度健全，机构设置及人员分工明确，有专业技术人员指导员工按照绿色食品生产技术规范进行生产，生产过程能严格执行绿色食品相关标准，落实全程质量管理各项措施，产品质量和品质优良。原料及添加剂使用符合绿色食品标准的要求，无使用违禁投入品现象，各项记录齐全。综合考虑，申请人的资质条件、产地环境、生产过程、质量管理、贮藏运输等方面基本符合绿色食品标准要求，具备可持续发展绿色食品能力。现场检查结果建议为通过。

问题反馈　针对销售记录不完善的问题，检查组建议申请人进一步完善产品销售记录，提高绿色食品质量管理水平。申请人对检查结果表示认同，承诺将按照检查组要求完善记录。

签署文件　双方签署“绿色食品现场检查会议签到表”“绿色食品现场检查发现问题汇总表”等检查文件，结束本次现场检查。

四、现场检查报告及处理

现场检查结束后，检查组根据检查情况和收集的检查证据信息，总结形成“加工产品现场检查报告”，广州市绿色食品办公室根据检查组的现场检查结论，向申请人发出“绿色食品现场检查意见通知书”，广州市绿色食品办公室将“加工产品现场检查报告”、现场检查照片、“绿色食品现场检查会议签到表”“绿色食品现场检查发现问题汇总表”等材料与企业续展申请材料、产品检测材料装订成册，一同报送广东省农产品质量安全中心。相关现场检查材料整理归档，绿色食品工作机构和申请人分别留存。

五、绿色食品月饼和馅料现场检查案例分析

绿色食品月饼和馅料现场检查应在产品生产加工期间进行，应把加工厂环境、主辅料和食品添加剂使用、平行生产管理制度的落实等关键环节作为检查重点，重点核实原辅料、食品添加剂来源是否真实、稳定、可靠，综合评估质量管理体系运行的有效性。

（一）加工厂环境

在环境调查环节，应重点检查企业厂区、生产加工车间、原辅料与成品库房、贮运工具的整体环境、隔离防护、卫生条件和环保措施是否符合GB 14881《国家食品安全国家标准　食品生产通用卫生规范》和NY/T 391《绿色食品　产地环境质量》的要求。本案例中，加工厂内区域和设施布局合理，具备与保证产品质量安全相适应的生产设备、原料处理与产品生产加工、原料与成品贮存等场所，生产车间缓冲间设置、物流及人员流动状况合理，食品安全和卫生管理制度落实情况较好，避免交叉污染。废弃物处理符合国家环保标准，不会对周边环境造成污染。

（二）生产加工环节

主要检查生产、加工、包装、仓储和运输等各环节的情况，绿色食品与非绿色食品生产区域有无隔离，是否专区放置，有无区别标识。本案例中，检查组了解到企业积极利用智能制造技术进行生产线改造和工艺流程优化，力求提高自动化生产水平，逐步用全自动化、智能互联的新型工艺技术有机结合形成的产业链代替传统的手工、半自动化食品工业，向现代化智能工厂迈进。检查组详细了解了月饼和馅料生产工艺流程，查看了生产加工过程关键控制点（如原料和产品检测、留样，温度控制，车间洁净度控制等）制度文件，并查看相关质量监控记录，工艺、设备能满足绿色食品生产要求，无潜在的食品安全风险。企业存在平行生产加工，检查组查

看了绿色食品专用生产线的标识设置和原料分区管理情况，绿色食品与常规产品区别管理措施科学可靠，生产过程中各项操作规程符合绿色食品要求。

（三）原料和食品添加剂来源

原材料来源和质量直接关系到产品质量的好坏，从而影响到消费者对产品的评价。原材料的来源应重点关注是否稳定、可靠，是否符合绿色食品加工原料用量比例要求，同时，同一种原料不应同时来自获得绿色食品标志的产品和未获得绿色食品标志的产品。食品添加剂应关注是否符合GB 2760《食品安全国家标准　食品添加剂使用准则》和NY/T 392《绿色食品　食品添加剂使用准则》的要求。原材料质量要分别从供应商的选择，以及原料的感官鉴评、质地分析、微生物分析、形状、大小等几个方面进行控制。检查组认真核实了原料与食品添加剂的来源、组成、配比和用量，全面检查了绿色食品原料供应资质、采购合同和上一生产周期的原料原始购销票据，确认原料来源稳定可靠，无违禁成分，能满足绿色食品产品生产要求，且与申请材料内容一致。此外，检查组还重点检查了主辅料是否入厂检验合格，存放条件是否合适，统一购买、领用、配发、投料记录是否真实有效，并核实了绿色食品证书。

（四）质量追溯体系

本案例中，企业能够严格按照国家相关标准与绿色食品要求进行生产，并执行严格的质量管理措施，先后建立起质量管理体系、食品安全管理体系，保证原料采购—原料出入仓—车间生产线—生产—加工—包装—成品等各环节全过程生产活动质量可溯源；企业设置了绿色食品宣传栏；主要质量管理人员和生产技术人员经常参加相关培训，掌握绿色食品生产技术要求；配备了4名绿色食品内检员，内检员熟悉绿色食品生产过程中的相关操作，掌握最新的绿色食品操作技术性文件；企业还设立了专业的食品检测中心，原料及食品添加剂入厂前经过检验，企业有自控指标，且要求批次检验达标才可开展食品生产；产品检验结果合格，中间产品及终产品检验报告符合绿色食品相关标准的要求。

供稿 广州市农业技术推广中心（广州市绿色食品办公室）
郭碧瑜

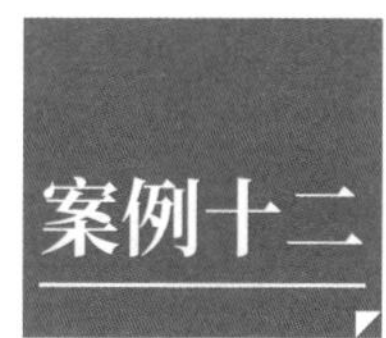

绿色食品食用植物油（花生油）现场检查案例

——以山东金胜粮油食品有限公司为例

一、案例介绍

本案例为食用植物油（花生油）绿色食品现场检查案例。检查对象为山东金胜粮油食品有限公司（以下简称金胜公司），检查产品为压榨一级花生油，产量2 300吨/年。

金胜公司位于山东省临沂市莒南县，隶属山东金胜集团，是一家集花生及其油脂生产、国际贸易、蛋白饲料生产、电商物流、生态农业、工业旅游为一体的综合性企业，年综合产能60万吨，恒温油库及仓储能力20万吨，花生油产销量位居行业前三位。先后被评为农业产业化国家重点龙头企业、国家高新技术企业、中国好粮油行动示范企业、中国花生油加工企业十强，是中国好粮油食用油标准的起草单位、全国粮油产品企业标准的领跑者，并获得山东省省长质量奖等荣誉。

二、现场检查准备

（一）任务来源

2023年6月11日，山东省绿色食品发展中心对金胜公司提出的压榨一级花生油绿色食品申报事项正式受理，并对该申报进行初审，基本符合绿色食品要求，向金胜公司下发了“绿色食品受理通知书”。

（二）人员准备

为充分掌握金胜公司的生产实际，保证现场检查效果，山东省绿色食品发展中心确定由省、市、县三级绿色食品工作机构各派遣1名检查员组成检查组实施本次现场检查，分别为山东省绿色食品发展中心刘学锋、临沂市农业技术推广中心张相松、莒南县农业农村综合服务中心王兴语，3名检查员均具备种植和加工检查资质，刘学锋为检查组组长。

（三）检查通知

2023年6月25日，山东省绿色食品发展中心向金胜公司下发“绿色食品现场检查通知书”，告知其检查组于6月28日开展绿色食品现场检查，金胜公司确认接收后，检查组明确提出企业参加人员、工作流程、检查内容和准备材料，并与企业负责人员沟通，确定检查具体时间和行程路线。

（四）掌握概况

检查组通过审核材料、网上查询、电话问询等方式，对金胜公司尤其是其绿色食品生产条件进行了初步了解。莒南县是农业大县，全县耕地110万亩，花生是该县农业主导产业，常年种植面积40多万亩，花生加工、出口贸易量稳居全国县级第一位。该县有多家花生油加工企业，规模以上生产企业有2家，金胜公司是最大的一家。金胜公司为新建厂区，占地面积300亩，是国家级农业产业化重点龙头企业。

三、现场检查实施

（一）首次会议

检查组来到厂区（图12-1），企业负责人、部门负责人（基地、采购、生产、品控、仓储、综合等部门）、内检员提前到位，检查组组长组织召开首次会议（图12-2）。与会人员签到。检查组组长介绍检查组成员，说明本次现场检查目的和相关要求。企业负责人汇报企业绿色食品生产概况。检查组根据汇报情况，与企业相关人员交流，对企业提出的问题进行答疑，并讲解绿色食品申报程序和标准要求，要求各检查环节人员要提前到位，准备好检查现场和资料。

图 12-1　厂区概貌

图 12-2　召开首次会议

（二）花生博物馆

检查组来到金胜公司建立的花生博物馆，了解花生种植、植物油生产等发展历史和企业文化（图12-3）。金胜公司高度重视植物油（花生油）研发创新工作，先后参与实施“十三五”“十四五”国家重点研发计划项目，拥有国家专利35项，建有“国家花生加工技术研发中心”“国家博士后科研工作站”“国家高油酸花生油加工技术创新中

图 12-3　了解生产历史

心”“山东省院士工作站”等10个省级以上研发平台，获发明专利等各种专利60余项。

（三）环境调查

检查组与当地农业农村局和企业人员交流，并对厂区布局规划、区域种植习惯、周边区域环境、隔离保护措施等进行询问、调查和现场核实（图12-4至图12-6）。厂区位于莒南县相沟镇，属于丘陵地。产地环境状况良好，周边未发现污染源。年平均气温为12.9℃，年均降水量853毫米，年均日照时数2 468.6小时，无霜期约为182天。植被以花生、小麦、玉米为主，约占66%。其余多为次生稀疏乔木、灌木丛和草本植物群落，林木覆盖率为21.3%。花生种植基地3万亩，基地周边有植树植草隔离屏障，灌水沟渠等配套设施齐全，灌溉水源为地下水，水质清洁。主要环保措施包括秸秆还田、地膜回收、推广可降解地膜、化肥减施、节水灌溉等。检查组经检查核实，确认产地周围5千米且主导风向的上风向20千米范围内无工矿污染源，可免测空气质量，检测项目为土壤和灌溉水。

图 12-4 厂区布局规划

图 12-5 花生基地环境

图 12-6 基地周边隔离设施

（四）花生种植基地检查

检查组来到种植基地，花生采用露地栽培方式，无轮作、间作或套作，亩产量0.2吨/亩，2023年花生长势良好，未发现明显病虫害发生（图12-7）。花生选用抗病品种丰花一号，这是企业与科研院所合作自繁自育品种（图12-8）。基地采用“公司+合作社+农户”模式，采用“基地管理物联网系统”进行统一管理，可实现所有基地测试点信息的获取、管理和分析处理，并以直观的图表方式显示给各个地块负责的农户，指导农户农事操作和病虫害防控，实现对地块网络化远程管理（图12-9）。

图 12-7　检查花生基地

图 12-8　开展品种试验

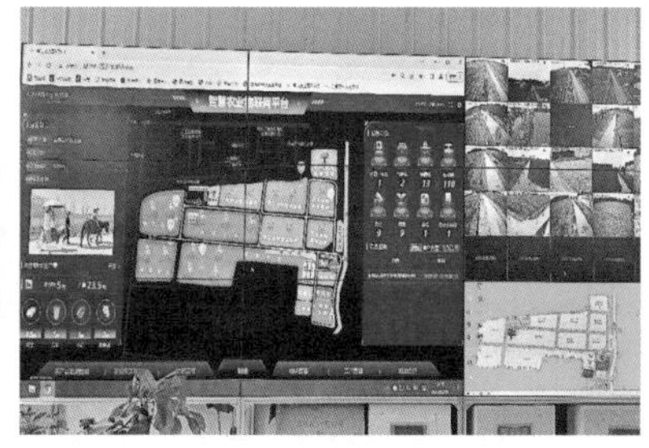

图 12-9　基地管理物联网系统

检查组详细了解了土壤培肥和病虫害管理措施。土壤为砂壤土，主要采用1 500千克/亩秸秆还田和施用150千克/亩商品有机肥增加肥力，适当施用化肥。花生主要病虫害为蚜虫、蛴螬。防治措施以因地制宜深翻改、选取抗病品种、播种期调控、合理密植、田地清洁、病虫害预测预报及乙蒜素杀菌等农业、物理与生物措施为主，必要时使用灭草松除杂草，使用吡虫啉防治蚜虫，使用辛硫磷防治蛴螬。检查组现场检查了病虫害测报设备（图12-10）。

图 12-10　病虫害测报设备

（五）加工车间检查

加工车间面积9万米^2，环境卫生状况良好，设备和工艺布局先进，人员管理规范，生产设备均装有操作提示牌。金胜公司花生油产品采用国家发明专利“七星初榨工艺”，通过磁选色选、臭氧杀菌、智能烘烤、适温压榨、速冻凝香、低温过滤、充氮保鲜7道工序，确保油品纯正，色香味俱佳。花生油年产量2 300吨（图12-11）。

图 12-11　检查加工车间

图 12-11（续）

（六）仓库检查

农业生产资料库　金胜公司基地建有专门的农业生产资料库，有专门的采购台账和使用记录，检查员核对了农药、肥料的成分标签，未发现绿色食品禁用投入品。检查员发现存在农业生产资料与农机混放问题。

原料库　绿色食品花生原料库为专用立体筒仓，通风、防潮、防鼠设施齐全，管理严格，花生原料经充分晾晒、脱壳后专车运输入库贮藏。通过查验出入库记录和管理记录，入库原料均来源于绿色食品合同基地，未发现药剂使用。

成品库　成品库为立体电脑控制库，摆放离地离墙，有挡鼠板和恒温设施，设置绿色食品花生油专区，产品纸箱包装（图12-12）。

图 12-12　检查成品库

（七）质量管理体系

质量管控与追溯系统　金胜公司率先通过了四大管理体系认证、AEO海关高级认证和AA级两化融合管理体系认证，配备国际先进的检验检测设备，引进质量管控与追溯信息化系统（图12-13），对产品质量严格把控，实现了从原料收购、生产储存到出厂销售的全过程无缝追溯。

图 12-13　质量管控与追溯信息化系统

化验室　金胜公司建有大型综合研发中心，设备人员配置齐全，并通过了计量认证，可以检测国家食品安全标准和绿色食品标准中涉及花生及花生制品包括农药残留、黄曲霉毒素、苯并芘、塑化剂等多个风险因素指标在内的全部检测项目（图12-14）。检查员检查了产品检测报告，所检项目均为合格（图12-15）。

图 12-14　检查化验室

图 12-15　检查检测报告

（八）查阅文件（记录）

在各个环节现场和档案室，检查员查验了文件与记录，企业资质齐全，农业投入品使用与生产记录一致，原料出入库及使用与申报材料一致，且未发现绿色食品不符合项（图12-16）。

图 12-16　检查生产记录

（九）随机访问

随机访问乡镇农业生产技术人员、金胜公司基地内控组织负责人、生产农户和金胜公司品控部门技术员，相关人员了解绿色食品理念和标准，生产加工过程中未添加或使用绿色食品违禁投入品，生产操作规程可以有效落实。

（十）总结会

组内合议　检查组对检查情况进行了组内合议，认为该公司质量安全意识强，管理体系和管理制度健全且高效运行，而且前期为申报绿色食品做了充分准备，各部门人员尤其是品控部门人员对绿色食品标准也基本掌握，一致认为该公司达到了绿色食品标准要求。同时，在检查中发现的农业投入品和农业生产工具混放问题，鉴于金胜公司库房空间充足，检查组要求其立行整改。

反馈沟通　检查组与金胜公司负责人、企业内检员对检查情况进行了小范围的反馈沟通，金胜公司负责人现场安排基地办公室人员对农业投入品库进行了清理规范。

召开总结会　一是与会人员签到。二是检查组组长向金胜公司反馈了现场检查情况，认为金胜公司质量管理体系健全、运行有效，产地环境、生产管理、投入品使用、原料供应、生产加工、检验检测、包装储运等全程质量管控良好，环境保护措施能有效实施，生产记录档案客观规范、保存良好，质量风险防控意识、品牌运营意识强，符合绿色食品生产技术标准和质量管控要求。三是对下一步绿色食品生产和标志使用提出要求，指出金胜公司注册有6名绿色食品企业内部检查员，这充分体现了该公司对落实绿色食品技术标准的重视，下一步要以此次现场检查为契机，及时高效配合相关部门完成绿色食品标志使用许可申请工作，同时，加大对公司相关部门人员绿色食品技术培训，在获得绿色食品标志使用权后，规范使用绿色食品标志，努力争做绿色食品花生油企业的标杆（图12-17）。现场检查结束，双方合影（图12-18）。

图 12-17　召开总结会

图 12-18　检查结束双方合影

四、现场检查报告及处理

（略）

五、绿色食品植物油（花生油）产品现场检查案例分析

（一）检查安排

时间安排　绿色食品花生油现场检查的时间要安排在花生生长中期，例如在山东省，根据花生生长周期，安排在6—7月比较适宜，此季节降雨多、温度高，是花生病虫草害易发时节。此时检查，生产现场和生产记录均有可以查验的实际内容，更有利于检查员掌握生产实际情况。同时，检查具体时间要和企业沟通好，确认

在加工生产时段。

人员配置　在检查员配置上，首先要满足注册专业要求且在2人以上，另外，要有县级绿色食品工作机构检查员参与，他们对当地企业和农业生产情况更为了解。同时，还要考虑检查员所学专业和工作经历，按照所学所干进行检查分工。如本次检查组成员中，刘学锋从事绿色食品工作多年，专业为食品科学与工程，重点负责产后加工环节检查和质量管控风险评估，张相松从事绿色食品和环保工作多年，重点负责生产环境、管理体系、记录档案的检查以及具体检查工作安排，王兴语在近年从事绿色食品工作之前，一直在县花生管理办公室工作，长期工作在花生生产一线，是花生农业生产专家，重点负责花生种植环节的检查。

明确程序　要严格按照绿色食品许可审查程序要求，向检查企业下发“绿色食品现场检查通知书”，并让企业确认回执。通知书中明确了检查目的、依据、内容、人员和简要工作安排，有利于企业做好检查准备。如果仅是口头或电话通知，一是不符合程序规范要求，二是显得工作不正规，三是工作交代不具体。

（二）风险评估

熟悉标准　检查员在实施检查前，应熟悉一遍该申报产品涉及的绿色食品标准，包括NY/T 393《绿色食品　农药使用准则》、NY/T 394《绿色食品　肥料使用准则》、NY/T 392《绿色食品　食品添加剂使用准则》、NY/T 658《绿色食品　包装通用准则》、NY/T 1056《绿色食品　储藏运输准则》、NY/T /391《绿色食品　产地环境质量》、NY/T 1054《绿色食品　产地环境调查、监测与评价规范》、NY/T 751《绿色食品　食用植物油》等，并要求检查员随身携带以上标准。同时，通过中国农药信息网，查询了解登记在花生作物上的常用农药。

掌握风险　检查员检查每一个绿色食品产品，都要提前掌握该产品的质量控制风险点。如花生油产品，通过日常工作积累、论文查询和请教专家，了解到花生油申报产品常规质量控制风险点有3个：黄曲霉毒素、苯并芘、邻苯二甲酸酯（塑化剂）。黄曲霉毒素可能产生在花生种植、收获、原料储藏、产品加工、成品储运等各个环节，苯并芘可能产生在花生果的烘炒和压榨环节，塑化剂可能产生在花生种植、加工、检测、包装等所有涉及塑料制品的环节。此外，金胜公司花生原料基地面积3万亩，在花生种植管理上能否有效管控，存在管理风险。本次现场检查除了按绿色食品现场检查程序覆盖所有检查环节外，重点对金胜公司质量和管理风险点防控情况进行检查评估。

风险排查 检查组对花生油生产过程中黄曲霉毒素、苯并芘、塑化剂3个风险点涉及的环节进行了重点关注，并和金胜公司相关人员反复核验，确认该公司高度重视这3个风险点控制。一是设置质量风险防控清单。金胜公司有专门的食品安全风险防控清单，这些风险点作为重要防控项目已全部列入防控清单，并且从原料、加工、包装、检验检测等各环节制定了严格的防控措施。二是能够做到实时监测。金胜公司检验检测能力强，3种关键风险因素指标都能够检测，而且对花生原料、半成品、成品以及各个关键风险点料品进行定期检测。从各环节检测记录看，未发现该公司出现过花生油产品黄曲霉毒素、苯并芘、塑化剂超标问题。三是内控组织运行有效。在原料基地管理方面，金胜公司建立的基地内控组织有效运行，能够做到基地生产按照绿色食品生产操作规程实施，并保证原料全部供给金胜公司。

（三）工作启示

遵守规章纪律 检查员在实施现场检查过程中，务必严格按照绿色食品现场检查程序实施，要遵守纪律、举止得体、专业客观，保持高尚的职业操守。同时，涉及检查企业的核心技术，不得在其他企业检查时有意无意透露。

善于采集信息　一是善于辩证思考。要能够在优点中捕捉缺点，在问题中发现亮点，在检查中听取检查对象介绍其亮点时，往往会暴露出不符合绿色食品要求的问题，同样，当检查对象在介绍一些不足时，可能恰恰是符合绿色食品要求的。例如，金胜公司介绍说基地设置隔离网造价太高，所以就种树植草作为隔离带。二是善于发现询问对象。每个检查现场、每个检查环节，都会不止一个人在场，要善于发现能够提供给检查员所需信息的人，引导其与检查员交流。三是善于抓关键环节。这方面要提前做功课，知道检查的关键点在哪里，到企业现场以后，及时发现检查关键点所在的现场与环节，发现关键点后要多查看、多研究、多思考。四是善于记录问题。要随身携带记录工具，对发现的疑似问题及时记录，并通过调查排除怀疑、找准问题，问题的确定要有依据。

图 12-19　检查员现场记录发现的问题

用好合议反馈　一是小组内合议。反馈情况前，检查组要对检查情况进行组内合议，达成一致意见。二是小范围反馈。检查组与企业负责人、内检员对检查情况进行小范围沟通，确认检查发现。三是正式反馈。召开总结会，对现场检查情况进行反馈，对发现的问题要描述精准且有依据，同时，对企业下一步工作提出建议和要求。

注重工作效率　在现场检查前，务必和企业沟通好企业参加人员、工作流程、检查内容和准备材料，并确定检查预计时间安排和行程路线，确保在每一个工作环节，人员和现场都能提前到位，保证检查时效，也有利于维护好绿色食品检查员队伍高效专业的形象。

供稿　山东省绿色食品发展中心　刘学锋

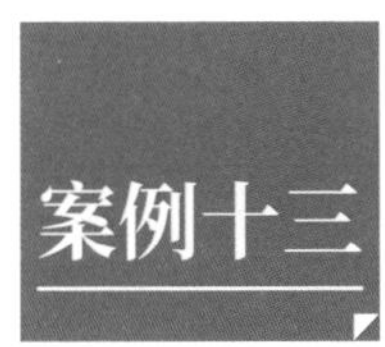

绿色食品茶叶现场检查案例分析

——以湖南金井茶厂有限公司为例

一、案例介绍

湖南金井茶厂有限公司（原长沙县金井茶厂，简称金井公司）位于湖南省长沙市长沙县金井镇，创建于1958年，是一家集茶叶种植、加工、销售、科研、文化旅游于一体的集团公司，目前已发展成为具有一定规模和实力的国家级农业产业化重点龙头企业，先后被评为全国科普惠农兴村先进单位、农业农村部茶叶标准园、全国休闲农业与乡村旅游五星级企业（园区）、全国“最美绿色食品企业”等。1999年，金井公司生产的毛尖等产品首次获得了绿色食品认证。目前，绿色食品金茶（毛尖）、金茶（绿茶）已成功出口荷兰、德国、沙特阿拉伯、日本等多个国家。

二、现场检查准备

（一）现场检查人员

按照《绿色食品标志管理办法》《绿色食品标志许可审查程序》相关规定，湖南省绿色食品办公室收到金井公司金茶（毛尖）和金茶（绿茶）绿色食品续展申请后，对申请人的续报材料实施受理审查，审查合格后湖南省绿色食品办公室向申请人发送了“绿色食品申请受理通知书”，同时决定委派具有种植和加工专业资质的绿色食品检查员组成检查组实施现场检查。

（二）现场检查计划

检查组接到委派任务后，首先对申请材料进行了文件审核，按照检查时间应安排在申请产品生产、加工期间高风险阶段的要求，检查组组长根据申请人材料和产品生产情况，与申请人沟通制订了现场检查计划，确定检查时间和检查内容。检查内容：产地环境质量状况及周边污染源情况调查，茶叶加工环节及产品包装、储藏、运输等情况调查，土壤管理和病虫草害防治措施检查，投入品管理和使用核查，申请人质量管理体系与生产管理制度落实情况评估，以及生产记录、检查过程与申请材料的一致性核实等。

（三）现场检查通知

检查组在现场检查前3个工作日将“绿色食品现场检查通知书”及现场检查计划发送申请人。申请人做好各项配合现场检查工作的准备，并签字确认。

（四）准备物品资料

检查组准备好现场检查所需的资料物品，包括绿色食品茶叶相关法律法规、标准规范以及现场检查须填写的“绿色食品现场检查会议签到表”“绿色食品现场检查发现问题汇总表”“种植产品现场检查报告”“加工产品现场检查报告”等表格文件和拍照设备等。

三、现场检查实施

检查组来到金井公司，按照《绿色食现场检查工作规范》要求，对申请人实施现场检查（图13-1）。在现场检查过程中，检查组随时记录现场检查情况和发现的问题，对所有检查环节拍照留痕。

（一）首次会议

检查组在茶厂会议室召开了首次会议，会议由检查组组长主持。申请人主要负责人、绿色食品生产负责人、基地管理部部长、生产部部长、仓库管理员和绿色食品内检员等参加会议。参会人员填写“绿色食品现场检查会议签到表”。检查组向申请人介绍了检查组成员，说明了此次检查目的、依据和要求，以及检查内容、检查方法、检查场所和具体时间安排等，并宣读保密承诺。企业负责人介绍了生产经营、申请产品及组织管理的基本情况，基地管理部部长介绍了绿色食品茶园肥水管理和病虫草害防治情况，生产部部长介绍了茶叶原料来源及加工情况，内检员汇报了续报产品生产、人员培训以及本年度内部检查的过程和结果。检查组就疑点问题与相关人员进行了沟通（图13-2）。

图 13-1　检查组来到企业

图 13-2　首次会议

（二）实地检查

1. 茶园现场检查

检查组了解到，该茶叶生产基地为湖南省绿色食品示范基地（图13-3）。申请基地位于长沙县金井镇金龙村、沙田村和观佳村，远离城区和交通主干线，生态环境良好，周边无污染源；山林环绕，植被丰富，与常规生产区域之间形成天然屏障。当地降水充沛，年降水量1 200 ~ 1 500毫米，能满足茶树生长需要，基地未建立人工灌溉设施。茶树与玉兰树、桂花树、三叶草间作，建立生物栖息地，检查组对照申请材料描述的茶园位置和基地图，现场核实与实际情况一致。检查员核实续展环境条件未发生变化，符合NY/T 391《绿色食品　产地环境质量》和NY/T 1054《绿色食品　产地环境调查、监测与评价规范》要求，空气、土壤、灌溉水免测（图13-4）。

图 13-3　湖南省绿色食品示范基地标识

图 13-4　检查生产基地

通过绿色食品认证20多年来，金井公司牢固树立“质量就是生命”的理念，坚持“绿色、健康、顾客完全满意”的质量方针，产管并举，建立了全程质量控制体系，制定了一系列绿色食品茶叶生产、加工、包装等管理技术规程。从茶园基地抓起，保证茶叶质量，设置了专门的基地管理部，实行统一领导，分区、分片管理，责任到人。在茶树培管过程中，严格投入品管理，不打农药、不施化肥，对基地建设、茶树种植、土肥管理、有害生物治理、采摘与运输等每个环节都实行严格管理，并采用全程实行质量监控的全自动绿色食品专用生产线生产加工，确保从“茶苗”到“茶杯”无污染。

土壤培肥　茶园土壤为砂壤土，肥力较好，每年仅施用150千克/亩菜饼做追肥。据调查，菜饼采购自当地榨油坊，系采用纯物理方式压榨。

病虫草害防治 经调查，基地虫害主要是茶毛虫、小绿叶蝉、尺蠖等，茶园以悬挂诱虫灯、粘虫板等物理方法防控为主，并通过加强茶园管理、勤除杂草、种植树木、优化生态环境等农业措施，以及保护利用蜘蛛、螳螂、寄生蜂等捕食性天敌的生物防控措施，实现病虫害生态防治，茶园病虫害发生轻微，暂时没有使用化学农药。茶园杂草防治采用人工锄除（图13-5和图13-6）。

图 13-5 检查病虫草害防控措施

图 13-6 访问技术人员病虫草害发生情况

鲜叶采运 茶园面积1 500亩，鲜叶年产量700吨。绿色食品茶叶的鲜叶采摘方式为人工手采，盛装器具为茶厂统一制作的茶篓。鲜叶由茶厂专用车辆运输。

生产资料仓库 申请人设立了投入品专用仓库和农机仓库，现场检查看到，仓库中投入品已经使用完毕，农机基本整齐存放，未发现有绿色食品禁用物质存放。

2. 茶叶加工厂现场检查

生产资质 茶叶属于食品类行政许可产品，经核查，金井公司获得了食品生产许可证（证书号：SC11443012106806），许可品种为绿茶、红茶，证书有效期至2025年10月25日。

加工环境 加工产区围墙封闭，周边无污染源。现场查看加工车间（图13-7）、包装车间、仓库，环境清洁，门窗完好，各项规章制度“上墙”。

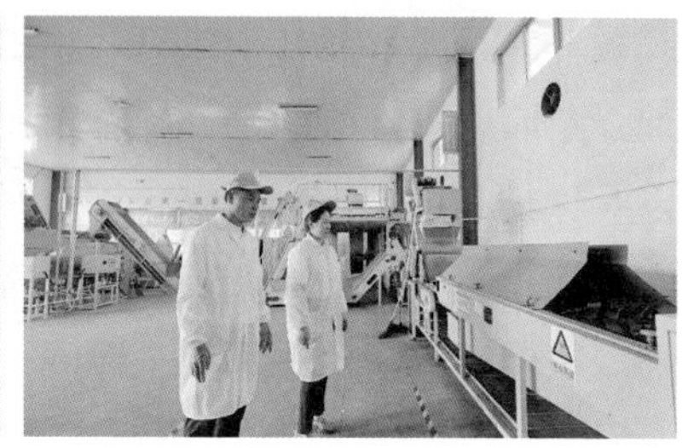

图 13-7　检查加工车间

工艺流程　采用绿茶标准化加工工艺，原料全部来自自有绿色食品茶园，不使用任何添加剂。工艺流程：摊青—杀青—初揉—初烘—复揉—烘炒—烘干—精选—包装—贮存，生产设备有萎凋槽、杀青机、揉捻机、炒干机、色选机、包装机等，加工过程中不使用加工用水，设备一般用气枪冲洗清洁，清洁用水采用自来水。绿色食品茶叶有专用生产线，并挂牌标识。

产量核算　检查组根据原料量和出成率核算产量，可以满足申报产量（表13-1）。

表 13-1　茶叶出成率和产量

申报产品	原料用量（吨）	出成率（%）	产量（吨）
金茶（绿茶）	550	22	120
金茶（毛尖）	150	22	30

审评检验　金井公司按标准建立了审评室和检验室，主要用于干茶感官审评，以及茶叶中水分、灰分等项目的检测。经现场核实，检测设备检定合格有效，实验人员持证上岗，记录健全，能够

满足日常检测要求。

包装储运　茶叶专用保鲜库（冷库）储藏成品茶叶，现场检查未发现其他物品存放（图13-8）。产品包装材料为食品级复合膜袋，外包装为纸箱、纸盒，包装标签标识清楚，绿色食品标志使用规范（图13-9）。

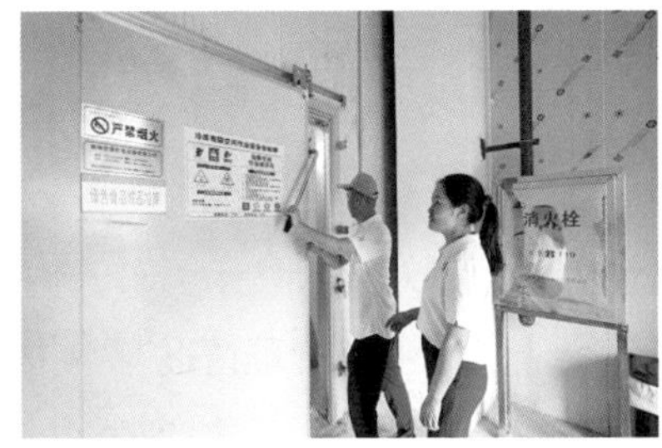

图 13-8　检查绿色食品专用仓库

图 13-9　检查绿色食品产品包装标识

（三）查阅文件（记录）

检查组现场查阅了茶园管理农事操作记录、农药与肥料等生产资料购买及使用记录、出入库记录、培训记录、鲜叶采收记录、加工记录、成品出入库记录、运输记录、销售记录、有害生物防控记录、内部检查记录等，检查结果都与申报材料一致，未发现不符合项。现场查阅了申请人营业执照、食品生产许可证、注册商标证、质量管理手册、生产加工操作规程、基地管理制度、茶园承包合同、基地图、人员健康证、计量器具检定证书、包装材料检测报告等，均真实有效。核实金井公司续展认证的绿色食品金茶（绿茶）、金茶（毛尖）绿色食品证书和“绿色食品标志商标使用许可合同”执行情况，确认续展申请人、产品名称等没有发生变化，续展用标周期内没有出现质量安全事故和不诚信记录（图13-10）。绿色食品制度规程“上墙”（图13-11）。

图 13-10　查阅记录

图 13-11　制度规程“上墙”

（四）随机访问

在整个茶园和加工厂的检查过程中，通过对生产技术人员、内检员、操作人员等进行访问，核实到企业实际生产管理情况与申报材料基本一致，绿色食品相关技术标准和要求都能够在生产加工过程中得到落实。

（五）管理层沟通

在召开总结会前，检查组先进行了内部沟通，对申请人的具体情况进行讨论和风险评估，并形成现场检查意见：一是评估了基地产地环境质量和加工厂环境符合绿色食品标准的要求；二是证实了各生产环节均建立了合理有效的生产技术规程，操作人员了解规程并能够准确执行；三是明确了企业不存在平行生产，农药、肥料等投入品使用符合绿色食品标准要求；四是评估了茶叶生产全过程对周边环境的影响，未发现造成污染。随后检查组将内部沟通形成的现场检查意见与金井公司管理层进行了充分沟通，达成一致意见。

（六）总结会

末次会议由检查组组长主持，参会人员填写了“绿色食品现场检查会议签到表”。检查组组长向申请人通报现场检查意见：公司生产基地生态环境较好，周边未发现污染源，质量管理体系较为健全，生产加工技术与管理措施符合绿色食品相关标准要求，能够保证绿色食品产品生产稳定可靠，现场检查合格。同时，提醒企业负责人和管理人员要关注绿色食品相关标准的修订变化。

四、现场检查报告及处理

（略）

五、绿色食品茶叶现场检查案例分析

（一）合理确定产品检查时间

茶叶为多年生作物，采摘时间长，一般3—9月都可以采摘，但一般企业以采摘春茶为主，且春季嫩芽萌发期是虫害发生高峰，因此绿色食品茶叶现场检查宜安排在生产高风险阶段3—5月进行。

（二）紧盯农药环节风险点

农药使用是绿色食品生产过程中十分关键的环节。在检查农药情况时，要查看绿色食品申请人农药购买发票或收据是否正规、是否符合要求，以此核实农药采购渠道是否符合当前农业生产资料管理要求；在核实农药使用情况时，重点查阅申请人农事生产操作记录，核实申请人所使用的农药是否在NY/T 393《绿色食品　农药使用准则》允许使用农药清单中，登记作物是否包括茶树，施用间隔期、使用量是否符合要求等。茶园中草害较为普遍，因此特别关注茶园中除草剂的使用情况。绿色食品茶叶现场检查中经常可见基地周边有农药废弃包装物收集筐（桶），其中可能存在NY/T 393允许使用农药之外的农药，通过观察申请人农药配制、使用现场，检查废弃的农药包装物，进一步了解申请人农药使用情况。

（三）规范平行生产管理

基地生产管理应重点关注平行生产及隔离带的设置。茶园基地面积一般较大，特别是种植户有在茶园周边空闲地种植蔬菜或其他作物的习惯，检查时应特别关注绿色食品和常规生产区域之间设置有效缓冲带或物理屏障的情况。茶叶生产企业一般都存在平行加工，检查时应关注企业平行生产管理情况，认真查看申请人防止绿色食品与常规食品在生产、收获、储藏、运输等环节混淆所采取的措施及制定的制度，重点关注落实情况。

（四）提高绿色食品生产主体质量意识

企业是绿色食品产业高质量发展的主体，只有越来越多类似金井公司这样的绿色食品龙头企业健康发展，绿色食品事业才会有动力源泉。绿色食品工作机构在做好政策引导、技术服务的同时，应充分发挥企业自身的主体作用，牢固树立质量安全、生态环保意识，建立健全全程质量控制体系，严格执行国家绿色食品标准、管控投入品使用、建立健全生产档案、规范使用标识，用品质铸就口碑，用口碑赢得市场，从而形成优质优价的良性循环。

供稿　湖南省绿色食品办公室　刘新桃、宋建伟

案例十四

绿色食品大米加工现场检查案例分析

——以江苏省农垦米业集团宿迁有限公司为例

一、案例介绍

江苏省农垦米业集团宿迁有限公司（以下简称宿迁公司）成立于2012年8月，是江苏省农垦米业集团有限公司下属的控股公司。江苏省农垦米业集团是上市公司江苏省农垦农业发展股份有限公司（601952）的下属大型企业，获得国家级农业产业化经营重点龙头企业称号，主导产品“苏垦”牌大米获得中国名牌产品称号。宿迁公司具备日产能150吨大米生产线及400吨烘干设备，原粮仓库11 000米^2，年生产能力达4万吨左右。宿迁公司申报的绿色食品大米外观纤细、颗粒饱满、米质光亮细腻、色泽晶莹剔透、营养健康，煮熟之后洁白清香、油亮松软、粒粒分明、适口性好，主要销往福建、广东等南方地区。

二、现场检查准备

申请基本情况 江苏省绿色食品办公室于2022年9月30日收到宿迁公司的绿色食品标志使用申请材料，申报产品为大米。经审查，材料合格，正式受理。

审阅申请材料 检查组接到委派任务后，对申请材料进行审阅，了解申请人及申请产品基本情况。申请人加工厂位于江苏省宿迁市宿豫区大兴镇，主营大米加工销售。宿迁公司存在平行生产，所申请产品原料来源于宿豫区全国绿色食品原料（稻麦）标准化生产基地。

现场检查计划 江苏省绿色食品办公室委派3名具有加工专业资质的绿色食品检查员，于2022年10月20日对申请人实施现场检查。检查时间选择在新稻上市加工季节。检查时长为1天。重点检查质量体系运行、生产周边环境、生产工艺过程、主辅料及食品添加剂、包装储存运输、平行生产规范等环节。

现场检查通知书 2022年10月17日，检查组将“绿色食品现场检查通知书”及现场检查计划发送至申请人，请申请人做好各项准备，配合现场检查工作，申请人签字确认后回复。

三、现场检查实施

2022年10月20日，检查组到达企业（图14-1）。

（一）召开首次会议

检查组在企业会议室召开首次会议，会议由检查组组长主持，检查组成员以及企业主要负责人、生产管理负责人、内检员、中层技术管理人员参加，参会人员填写“绿色食品现场检查会议签到表”。检查组介绍本次现场检查的目的、依据、内容、方法及时间安排等，宣读保密承诺。企业负责人介绍企业生产经营及申请产品的基本情况，重点介绍了原料来源、加工生产及质量管理情况，内检员介绍了内部检查的具体流程。检查组对该企业基本状况和绿色食品生产管理能力有了初步认识。双方交流了疑点问题和具体检查行程，企业负责人协调检查场所和生产人员，要求各部门配合现场检查工作，并与内检员全程陪同现场检查工作（图14-2）。

图 14-1　到达企业

图 14-2　首次会议

（二）实地检查

检查组对申请产品的生产环节进行现场检查，通过查阅记录、随机访问、实地查看等方式进行，检查过程随时进行风险评估。

厂区环境　检查组现场调查加工厂周边环境，未发现污染源。查看厂区环境，厂区环境整洁，加工区与生活区有隔离带，车间内环境卫生状况良好，废弃物稻壳及时清理，对周边环境不产生污染。产地环境符合NY/T 391《绿色食品　产地环境质量》的要求。经检查组核实，加工场所及设备布局与申请材料一致（图14-3）。

加工车间　检查组来到加工车间，生产线具有稻谷精选、大米抛光、光电色选等多种先进加工设备，产品加工过程执行企业《绿色食品大米加工操作规程》，生产过程无污染。大米加工流程：初清筛—筒仓—振动筛—去石—电子秤—砻谷—谷糙分离—厚度分离—一道砂辊米机—二道砂辊米机—三道砂辊米机—一道立式米机—二道立式米机—白米分级—长度分级—净米仓—一道抛光—一道色选—二道色选—三道色选—二道抛光—三道抛光—二道白米分级—遛筛—成品仓—计量包装—成品库。宿迁公司拥有检测设备，从原料进厂到产品加工的每一个环节均实施全方位的监控。

检查组查看生产设备运行情况，满足生产工艺需求；查看原料出入库记录，与生产实际相符；查看加工记录，生产过程与加工操作规程一致；通过现场查看和随机访问工人，确认未使用添加剂（图14-4）。

图 14-3　厂区环境

图 14-4　检查加工车间

产品包装和储运　检查组来到产品包装车间，查看了包装过程，包装材料与包装规格标识符合绿色食品相关标准要求（图14-5）。有绿色食品专用常温存储库房（图14-6），产品摆放整齐（图14-7），标识规范，符合绿色食品要求（图14-8）。仓库设有防鼠板、纱窗、通风口等，未发现违禁物质使用痕迹；查看成品出入库记录，产量符合加工能力。产品专车运输，运输设备用清水清洁。

图 14-5　检查包装车间

图 14-6　成品仓悬挂绿色食品标识

图 14-7　成品摆放整齐

图 14-8　检查包装标识

原料来源　设立绿色食品原料专用槽罐，与常规原料分开存储，原料与产品分库存放（图14-9）。查看原料出入库记录，与原料实际使用情况一致。检查员重点核实了原料来源和相关证明。产品原料稻谷来源于宿豫区全国绿色食品稻麦标准化生产基地，基地自然环境优美，沟渠配套，林网健全，水质清洁，空气清新，区域周围20千米范围内无任何污染企业及污染源，灌溉用水取自符合国家二级水质标准的骆马湖水域。产地环境符合NY/T 391《绿色食品　产地环境质量》。原料生产执行《绿色食品水稻种植规程》，肥料、农药等投入品符合NY/T 394《绿色食品　肥料使用准则》、NY/T 393《绿色食品　农药使用准则》要求。检查组核实了绿色食品原料标准化基地证书原件、申请人收购合同及相关票据，稻谷收购量为24 000吨，按照70%加工出成率，可以满足大米申请产量16 800吨的需要。

图 14-9　检查原料槽罐

质量管理体系 检查组查看了检测设备使用情况，检测设备能够满足日常检测工作开展。核查质量体系文件和生产管理制度的执行情况，确认组织机构、管理体系的有效性。申请人建立有效的平行生产管理制度，所申请产品在原料运输、加工及储藏各环节中与常规产品进行区分隔离管理，避免交叉污染的可能性。标识宣传栏建设规范（图14-10）。

图 14-10 绿色食品宣传栏

（三）查阅文件（记录）

核查营业执照、生产许可证、商标注册证等证书原件，确认有效性及规范性；核实生产原料购销合同票据及台账建立情况，确认真实性及有效性；查阅上一年度原始生产记录、内部检查记录、培训记录等，未发现不符合项（图14-11）。

图 14-11 查阅文件与记录

（四）召开总结会

召开总结会前，检查组内部交流了现场检查总体情况和存在问题，依据绿色食品标准，综合评估申请人的生产全过程是否达到绿色食品要求，形成了初步现场检查意见，并与申请人管理层进行了充分沟通。总结会由检查组组长主持，正式通报现场检查意见，申请人质量管理体系健全，加工厂周边无污染源，生产设备配套齐全、生产工艺科学规范，质量体系文件齐全完整，加工规程有效实施，未使用绿色食品违禁投入品，原料与成品分库储藏，平行生产管理制度规范执行到位，产品包装标识符合绿色食品相关规定，综上所述，申请人生产条件和全过程质量控制措施能够达到绿色食品标准要求，现场检查结果为合格。企业负责人对检查结果认可，并表示后续将强化绿色食品宣传培训，严格落实内部检查制度。参会人员填写“绿色食品现场检查会议签到表”。

四、检查报告及处理

现场检查结束后，检查组根据检查情况和收集的检查证据信息，总结形成“加工产品现场检查报告”。按期检查申请人整改落实情况，检查组组长判定合格后，将整改材料连同“加工产品现场检查报告”、现场检查照片、“绿色食品现场检查会议签到表”“绿色食品现场检查发现问题汇总表”等材料一同报送至江苏省绿色食品办公室。江苏省绿色食品办公室根据检查组的现场检查结论，向申请人发出“绿色食品现场检查意见通知书”，相关现场检查材料由绿色食品工作机构整理归档，申请人留存备查。

五、绿色食品大米加工现场检查案例分析

（一）现场检查准备

检查组派出机构应根据大米加工专业特点，委派两名以上具有加工资质的检查员，组成检查组实施现场检查。绿色食品大米加工现场检查时间应安排在生产加工的高风险时节，特别是新原料进厂大规模加工的关键时期。现场检查前，检查组应提前查阅申请材料，了解企业及产品的基本概况、大米加工流程以及需要重点检查的加工生产关键环节和主要风险点，并按照《绿色食品现场检查工

作规范》的要求，制订详细的现场检查计划，确保现场检查按计划高质高效实施。

（二）现场检查实施要点

申请人资质 核实营业执照、食品生产许可证、商标注册证、内检员证书等原件。

质量管理体系 查看制度是否健全规范科学合理，是否包括人员管理、生产加工、文件记录、原料成品、包装储运、标识使用等内容，并在醒目处公示，且有效执行。

产地质量环境 调查加工场所周边环境是否存在潜在污染源，核实加工场所布局是否合理科学，环境卫生状况是否良好。

生产加工 核查生产工艺是否符合产品特点，生产设备是否满足工艺需求，关键控制点是否处于受控状态，操作岗位工人是否具有资质，废弃物是否妥善处置，整个加工过程是否造成环境污染。

主辅料管理 主辅料来源是否与申请材料一致，用量和质量是否符合绿色食品相关规定，入库量是否满足生产需求。

储藏运输 原料、产品及生产资料仓库是否有专仓，分开储存。运输工具是否专车运输，混运是否有区别标识，运输过程控温控湿措施是否落实到位。

包装标识 包装材料是否符合相关标准，包装标签标识是否符合绿色食品标志使用要求，标签信息是否与申请材料一致。

平行生产 绿色食品与常规产品在原料、加工、储藏及运输等环节是否进行隔离与管理，交叉污染措施是否执行到位。

（三）现场检查常见问题

检查组现场检查中发现，大部分大米加工企业存在领导层及从业人员质量意识不足、重认证轻管理的问题，审批后自觉性有所下降，特别是生产细节把握不到位。主要表现为绿色食品生产相关档案文件未能单独整理存放；厂区卫生管理有待提高，院内有杂物堆放，车间加工班次结束未能及时清理落尘；绿色食品与常规产品区分管理未执行到位，防止交叉污染措施还存在不足。

（四）建议举措

现场检查不仅是绿色食品标志许可审查的必要环节，也是引导申请企业提高绿色食品生产技术水平和全程质量控制能力的重要举措。通过开展绿色食品现场检查，有利于提高生产企业质量安全意识，推动企业严格执行绿色食品相关标准，调动企业发展品牌农业的积极性，提高企业市场竞争力。

强化宣传培训 从企业领导管理层到一线生产员工，应树立绿色食品发展理念，提高绿色食品质量安全意识，推进诚信体系建设，全员参与绿色食品建设。

规范标准落实 严格执行绿色食品质量管理体系要求，熟悉绿色食品相关标准，落实绿色食品生产规程，建立考核制度。

加强质量检验 加强原料及产品质量控制，完善检测能力，把好进厂入库、成品出厂检验关，不让不合格产品流入市场。

供稿 宿豫区农业农村局 卞军
江苏省绿色食品办公室 杭祥荣

案例十五

绿色食品平菇（农场化模式）现场检查案例分析

——以宣威市祺怡种植专业合作社为例

一、案例介绍

宣威市祺怡种植专业合作社位于云南省宣威市龙场镇龙林村委会黑泥塘，远离村庄、城镇及主干道，所处区域群山环绕、森林覆盖率达85%，生态环境良好，水资源丰富，四周无任何污染源。合作社成立于2019年1月7日，注册资金40万元，合作社流转土地125.5亩，流转年限30年，主要以生产平菇为主，年生产菌包200万个（袋），年产平菇（鲜）2 550吨，年生产总值510万元，年利润100万元，现有员工10人。

二、现场检查准备

（一）检查任务

宣威市祺怡种植专业合作社于2023年6月6日向云南省绿色食品发展中心提出绿色食品标志许可申请，申报产品为平菇（鲜），申报产量为2 550吨。按照《绿色食品标志管理办法》等相关规定，经审查，申请人相关材料符合要求，由云南省绿色食品发展中心于2023年6月12日正式受理，向申请人发出“绿色食品申请受理通知书”，同时计划安排现场检查。

（二）检查人员

云南省绿色食品发展中心派出检查组，检查组成员如下。

组长：云南省绿色食品发展中心　高级检查员（种植业）
钱琳刚

组员：云南省绿色食品发展中心　高级检查员（种植业）
王祥尊

组员：曲靖市绿色食品发展中心　高级检查员（种植业）
杨永德

（三）检查时间

根据申请主体生产实际，检查组定于2023年6月20—21日对宣威市祺怡种植专业合作社实施绿色食品平菇（鲜）现场检查。云南省绿色食品发展中心于2023年6月15日向申请人发出“绿色食品现场检查通知书”，申请人签收确认。

（四）检查内容

现场检查前，检查组成员审核“绿色食品现场检查通知书”“种植产品调查表”、种植规程、质量管理手册、基地证明材料等，了解申请人基本情况和产品生产情况，与申请人电话沟通了检查行程、检查场所、检查重点、参会及现场陪同人员等内容，确定现场检查日程安排，并制订了详细的现场检查计划。按照《绿色食品现场检查工作规范》的要求，本次现场检查按照首次会议、实地检查、随机访问、查阅文件（记录）、总结会5个环节进行，现场检查时间为1～2天，覆盖食用菌产品生产全部环节。检查内容：合作社产地环境质量状况及周边污染源情况，食用菌生产基质组成，农药、肥料等投入品使用情况，菌种引进及培养方式，合作社质量管理体系和生产管理制度落实情况，日常生产档案建立情况。

三、检查实施

（一）首次会议

图 15-1　首次会议

检查组召开首次会议（图15-1）。检查组成员、市县绿色食品管理机构负责人、合作社负责人、内检员及相关管理人员参加会议。检查组组长向企业参会人员介绍检查组成员以及市县绿色食品管理机构相关负责人，说明现场检查的目的、依据、程序及要求等，并代表检查组向申请人作出保密承诺。合作社负责人向检查组介绍了合作社参会人员，并对合作社组织管理、生产管理、质量控制以及申报绿色食品的情况做了介绍。最后，双方详细沟通确认了本次现场检查的行程安排。

（二）调查基地环境和规划布局

检查组来到合作社生产基地周边高地，对照基地图核实基地位置和范围，俯瞰生产区域全貌。合作社生产基地位于宣威市龙场镇龙林村委会黑泥塘，基地地处山区，远离城镇和村庄，周边生态环境良好，水资源丰富，四周群山环绕，当地常规种植玉米、蔬菜等农作物。通过与申请人交流和查阅本地区环境背景资料，检查组了解到合作社生产区域海拔2 200米，森林覆盖率达85%，年平均温度13℃，年均降水量962.2毫米，年均日照时数2 070小时。结合卫星实景图协助查看，产地地处森林腹地（图15-2），与申报材料中基地位置图、地块分布图一致。经实地调查，产地区域及菇房外部环境整洁、无污染，无废弃投入品包装物等，未发现违禁物质（图15-3）。检查员现场查看了基地水源，生产用水为深井水，水质良好（图15-4）。初步确定该产地适宜绿色食品平菇（鲜）生产。检查组对基地周边5千米，且主导风向的上风向20千米范围内的环境状况进行调查，确认无工矿污染源，空气质量符合NY/T 1054《绿色食品 产地环境调查、监测与评价规范》免测要求。检测项目为基质和食用菌生产用水。

图 15-2 基地全貌

图 15-3 基地环境

图 15-4 现场查看水源（深井水）

（三）实地检查平菇生产过程

菌种培育 经现场查看与询问，合作社平菇生产用菌种购买于江苏姜塘区富达食用菌研究室，合作社采取菌种（母种）外购、栽培菌种自行培养的方式进行繁种。检查组现场查看了菌种购买合同、发票等凭证，真实有效。菌种购入后，用本地的水稻、荞麦煮熟装入瓶内蒸汽消毒灭菌，再接入菌种，放入10～25℃、通风好的房间里自然生长，待菌丝长满后，即可接种（图15-5）。若暂时不用，就移入5～10℃的冷藏库里保存（图15-6）。检查组查看了菌种培养设施、灭菌设备、消毒药品种类等，均符合绿色食品生产要求。

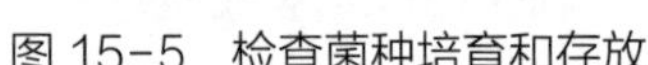

图 15-5　检查菌种培育和存放

图 15-6　菌种冷藏室

基质消毒　合作社申报的产品为平菇，采用基质栽培，栽培基质中玉米芯占85%，年用量2 550吨，麦麸占15%，年用量450吨。基质根据比例拌好后，放入甑子里用蒸汽蒸8小时，高温灭菌。现场查看情况与申报材料反映一致。

菌包生产　合作社食用菌菌包基质拌料区域以及搅拌、灭菌设备每次使用后用深井水进行冲洗。合作社定期委托第三方机构进行水质监测，深井周围不存在污染源或潜在污染源。菌包用蒸汽高温灭菌，不使用任何消毒剂。接种时定时使用酒精对操作人员手部进行消毒（图15-7）。

出菇房（棚）　合作社出菇房（棚）外环境良好，无污染源；棚内干净整洁，无垃圾，菌包堆放整齐。养菇房（棚）定期使用生石灰对菇房（棚）内外进行消毒。平菇生产日常管理内容主要为定期观察、清除污染菌包（较少）、喷水（增加湿度）、出菇房（棚）通风和遮阳防晒等工作。检查员检查了出菇情况，平菇长势良好（图15-8）。

病虫害防治　合作社所生产的平菇较少发生病虫害，菌包入棚至出菇期间不使用任何化学农药，出菇期间仅产生少量菌蚊，合作社在出菇房（棚）内支撑杆上粘有黄色诱虫板进行诱杀，效果较明显（图15-9）。实地查看，出菇房（棚）中无农药储存或使用痕迹。

图 15-7　询问平菇菌包生产情况

图 15-8　平菇生长及出菇情况

图 15-9　检查出菇棚生产管理情况，了解病虫害防治及黄板使用情况

（四）检查生产资料

检查员来到生产资料仓储区域，检查菌包原料来源和库存情况。经实地查看，合作社原料仓库主要存放有玉米芯、麦麸（图15-10）、菌包袋、透气封口膜、捆扎带、生石灰、塑料筐等，未发现绿色食品生产禁用物质。平菇生产全程不使用任何化学农药和化学肥料，也不存在非绿色食品生产原料。现场询问技术人员，基质原料来源固定，有出入库记录，与申报材料反映一致。检查员检查了基质配制情况，现场未发现有绿色食品禁用投入品使用痕迹（图15-11）。

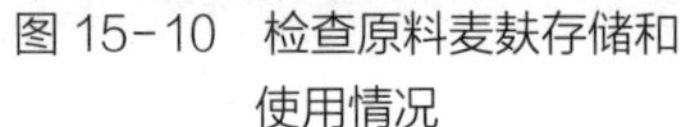

图 15-10　检查原料麦麸存储和使用情况

图 15-11　检查菌包基质配制情况

（五）检查产品储藏、运输

合作社建有250米^{2}的低温冷藏库（图15-12），其产品通常当日采收当日销售，偶有生产高峰时用于积压产品暂存以便于第二日外运销售，使用频率较少且为短期存放。经检查，冷库使用冷风预冷保鲜，温度控制在3～4℃，库房内未发现任何保鲜剂使用痕迹。经现场查看和询问了解到，合作社每日均有采菇活动。采菇人员采菇前进行洗手消毒，鲜菇按大小品质分级，去掉菇体上附着的培养料等杂质，存放在食用菌专用塑料筐中，以便搬运和储存（图15-13）。食用菌采收后使用绿色食品专用车辆运输，运输车辆、塑料筐用高压水枪反复冲洗、干燥后使用。

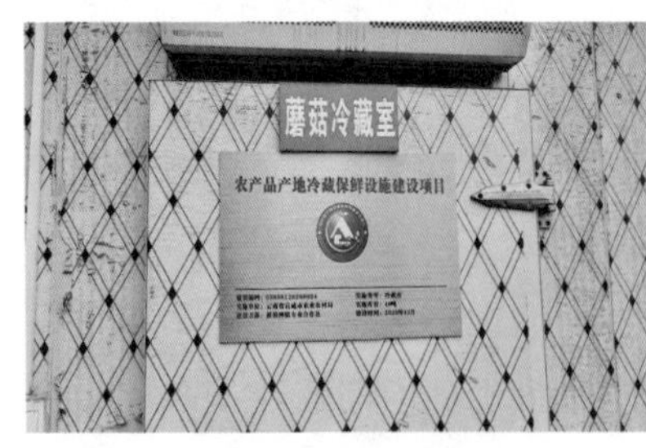

图 15-12　产品储存库

图 15-13　检查产品储存及销售情况

（六）环境保护

经现场查看，平菇生产废弃物主要为出菇后的废弃菌包，主要运往当地种植大户或有机肥厂堆沤发酵后制作有机肥料，废旧菌包处理对周边环境不产生任何危害（图15-14）。其他废弃物［主要为大棚废弃膜、遮阳网（较少）及常规生活垃圾］则统一收集，运往附近村镇集中垃圾处理点（站）。

图 15-14 检查废弃菌包处理情况

（七）查阅文件（记录）

检查员现场查阅合作社相关档案资料，合作社营业执照、绿色食品内检员证书真实有效，合作社采用社员入股方式生产，合作社章程、社员清单真实有效。原料采购合同（协议）和采购凭证真实有效，能满足平菇生产需要，符合绿色食品生产原料供应要求。合作社生产档案记录内容较齐全，生产现场及生产记录中未发现使用违禁物质，记录内容真实，与申报材料中反映一致（图15-15）。合作社初步建立了质量管理体系并有效运行，制度完善并悬挂“上墙”（图15-16）。

图 15-15 查阅文件资料

图 15-16 绿色食品平菇生产管理制度“上墙”

（八）总结会

会前沟通 检查组内部对合作社质量管理体系、产地环境、生产管理、投入品管理及使用、产品采收、包装、储藏运输等情况进行了综合评估，形成了现场检查意见：一是合作社生产基地远离城镇、村庄，环境良好，水质清洁，无工矿企业及潜在污染源，环境条件符合绿色食品生产要求；二是合作社主要以家庭为单位组织生产，生产设施设备较为传统、陈旧，生产规模较小。已建立部分管理制度但不完整，部分制度落实不到位，但其产品（平菇）生产管理比较规范，生产过程可控，历次产品抽检质量均为合格；三是合作社平菇生产基质原料仅为玉米芯和麦麸两种原料，且在配制中不添加其他物质，在生产过程中不使用任何化学农药或肥料，生产场所卫生整洁，无污染，全场仅生产平菇一种产品，没有平行生产，产品质量可控。

通报结果 检查组召开总结会。检查组组长向合作社负责人通报了现场检查总体情况，检查组认为：合作社平菇生产产地周边森林覆盖率高，周围无工矿企业，无污染源和潜在的污染源，食用菌生产使用的原料符合绿色食品相关标准，生产过程中不使用任何农药及肥料，合作社所在区域及合作社组织管理体系均具备可持续发展绿色食品的能力。合作社组织机构、质量管理体系初步建立，有待进一步完善。制定了平菇生产技术规程并能有效实施，现场检查、核实情况与平菇生产技术规程描述一致。检查组认为，该合作社具备生产绿色食品平菇的能力和申报绿色食品的条件，但须就管理体系、制度落实等进行整改，整改完成经检查组核查合格后予以通过。

问题反馈 检查组针对合作社平菇生产存在的风险点及不足与负责人进行了沟通交流：一是优化调整生产区域布局，尤其原料区域、生产区域及生产用具库房须分区域、分库房管理；二是进一步加强生产区域场地、人员卫生管理；三是在现有基础上进一步完善质量控制措施相关制度并严格执行，制作、完善各生产设备、区域标识标牌并悬挂；四是进一步完善生产档案记录，尤其是加强原料采购、使用及日常生产管理记录。合作社负责人对检查结果及存在问题表示认可，承诺将按照检查组要求落实整改。

签署文件　双方签署“绿色食品现场检查会议签到表”“绿色食品现场检查发现问题汇总表”等检查文件，结束本次现场检查（图15-17）。

图 15-17　现场检查结束，双方合影

四、检查报告及处理

现场检查结束后，检查组根据检查情况和收集的检查证据信息，总结形成“食用菌现场检查报告”。按期检查申请人整改落实情况，检查组组长判定合格后，将整改材料连同“食用菌现场检查报告”现场检查照片、“绿色食品现场检查会议签到表”“绿色食品现场检查发现问题汇总表”等材料一同报送云南省绿色食品发展中心。云南省绿色食品发展中心根据检查组的现场检查结论，向申请人发出“绿色食品现场检查意见通知书”。相关现场检查材料由绿色食品工作机构整理归档，同时申请人留存。

五、绿色食品食用菌（农场化模式）现场检查案例分析

（一）检查准备要充分

现场检查准备工作对于现场检查能否顺利开展至关重要。现场检查前，检查组及申请人都要做好充分的准备和沟通，以确保检查

工作顺利进行，确保检查有效，不耽误进程。

认真审核申报材料，发现问题关键 检查组成员要认真审核申报单位初次提交的申请材料，尽量全面了解申报单位基本情况及所申报食用菌产品情况，熟悉申报产品生产过程，发现生产过程中可能存在的问题和风险点，以便现场检查时突出重点，直奔可疑问题、风险点进行查看和核实。

合理安排现场检查时间 合理安排检查时间对现场检查是否真实有效显得至关重要。针对食用菌生产主体实施现场检查务必在所申报产品生产时节进行，生产环节尽可能包括土地耕作（轮作）或基质配制、灭菌装袋、菌包接种、日常管理、采菇及销售等环节，避免无产品生产或检查不全面。若同时申报多个产品，尽量安排在多个产品同时生产阶段进行检查。

科学计划检查行程 实施现场检查前，检查组成员应与申报单位或属地工作机构充分沟通，了解申报单位所处区域与检查人员或属地工作机构出发地距离和耗时，了解申报单位办公场所和生产基地是否在同一区域，是否有多个基地，以便科学选择出行方式和安排行程。现场检查应合理规划检查路线，严格执行相关卫生消毒要求，避免检查人员造成污染。

备齐检查用品（物品） 检查组下发现场检查通知后，检查组相关成员应根据《绿色食品现场检查工作规范》和申报主体提交申报材料描述情况，充分沟通、备好与现场检查相关物品资料并携带前往，如初次申请材料、“绿色食品现场检查通知书”“绿色食品现场检查会议签到表”“绿色食品现场检查发现问题汇总表”及与食用菌生产相关的法律法规或技术规范（标准）等资料，备好相机、记录本或笔记本电脑等物品，以便现场查阅、取证、记录、填写相关表格以及存档等，尽量现场完成与申报单位、申报产品相关的工作，进一步提高工作效率。

（二）检查内容（范围）要明确

召开首次会议时，检查组要结合前期材料审核情况，针对申报产品特征明确现场检查的范围和重点内容，以便申报单位合理安排路线。例如，食用菌产品（农场化）现场检查内容应包括产地周边环境、生产用水、菌种来源、土壤耕作（轮作）情况或基质原料种类及来源、病虫害发生及防治情况、鲜菌（菇）采收后处理、产品包装及运输方式等环节；相应的检查范围则包括产地环境、水源地、原料仓库、基质配制及灭菌区、菌种培养室（房）、菌包接种区、出菇房（棚）、药品（消毒物）存放区等场所。

（三）检查程序（流程）要合理

现场检查时，检查组应根据实际情况合理安排检查顺序或流程，除首次会议、总结会外，其他环节可根据出行路线、场所位置、厂区布局情况进行合理计划。如检查中可边走边看、边问边答，而不一定非要固定场所、地点询问了解；可先看实地、后查资料，也可以先查资料、后看实地。还可根据检查内容、工作量或行程适当调整检查顺序（如室内、室外、基地、车间、仓库等），或分工（组）、分环节进行。首次会议及总结会可根据申报单位条件或现场情况召开正式会议或现场座谈交流。

（四）风险（点）评估要精准

现场检查时，检查员要依据前期对申报单位及产品情况的了解和初步认为的风险环节、问题进行重点检查和查验，进而为申报单位提出有效防范风险的措施或指导建议。例如，食用菌产品生产过程中的风险主要是产地环境、水源、菌种来源及培育、菌包接种、土壤或基质原料健康状况、土壤消毒或菌包灭菌、产品包装物等环节。

产地环境风险　一是查看产地及出菇（棚）外围是否存在工矿企业及污染源，是否产生粉尘、污水会对产地产生污染；二是查看生产用水水源或水质是否存在被污染的潜在危险。

土壤及基质风险　土栽食用菌要了解周边是否存在工矿企业及其他污染源，土地（土壤）是否存在粉尘、污水污染风险。了解土壤背景值及肥力是否能满足绿色食品生产；基质栽培重点了解菌包配料及来源，看其种类、质量、仓储条件是否满足生产要求，菌包制作是否添加其他违禁物质。

菌种繁殖及接种风险　要查看菌种来源是否正规，菌种繁殖区域是否相对独立封闭，菌种培育设施是否有效防止污染，菌种培育及接种人员是否规范操作，确保菌种、菌包不被污染或降低污染风险。

药物使用风险　要了解所申报产品生产过程中病虫害发生种类及危害程度，了解病虫害防治措施及方法，是否使用化学防治方法，使用的药物、消毒剂及药物安全间隔期等是否符合绿色食品生产相关要求。

采收及包装储运风险　要了解产品采收人员卫生措施，产品包装方式、包装物及清洁程度，产品是否继续加工处理，是否使用或添加其他化学药剂，仓储区域是否独立，是否存在其他物品及可能污染物。运输车辆是否专车专用或定期清洁消毒处理。

（五）整改措施（建议）要具体

现场检查后，检查组根据现场检查情况完成现场检查报告，明确检查意见，对发现的问题要反馈申请人。对发现的问题和提出的改进措施或意见要具体、可操作，避免笼统、空洞表述，要确保申请人知道改进什么、怎么改进，避免申请人不知所措或者因理解偏差导致整改结果不理想。

（六）食用菌（农场化模式）现场检查常见问题

非生产时节申报未能正常检查　随着各地大力推进农业绿色发展政策举措相继出台，部分企业都是在项目需求、政策推动、奖励刺激下主动申报绿色食品，但不知道如何申请，需要什么条件，走什么样的程序，往往在没有生产或没有产品时提出申请，导致各级绿色食品检查员未能正常受理并在食用菌生产季节开展组织检查。

生产环节不全导致多次补检 部分申报主体（尤其合作社、家庭农场类主体）或管理人员对绿色食品申报业务不熟悉，只知道要检测产地和产品，不知道生产过程也要检查，仅仅在有产品时提出申请，导致各级工作机构不能一次完成现场检查，而需多次前往完成不同环节的检查工作，无形中增加工作量，延缓申报进程，尤其是一次申请多个产品，但又不能同期安排生产的生产主体。

申报主体普遍规模小、绿色标准落地效果不明显 在绿色食品食用菌申报主体中，具有规模化、现代化管理的企业较少，而以家庭成员为主的合作社、家庭农场居多，此类主体在组织管理、人员配置、基地规模、设施设备、生产模式、技术力量等方面均存在诸多不足，与绿色食品全产业链标准生产要求还存在差距，在全面推行绿色食品管理、技术标准方面有一定难度。

质量监测措施尚未健全 食用菌（农场化）生产受自身条件限制，大部分生产基地不具备检测能力，没有配备相应的检测室或者部门。日常生产操作多凭经验开展，如基质的水分、pH值、产品成品水分等无精确指标要求，对于技术指标的运用不充分。在发现生产措施不当、产品缺陷时，及时纠正问题的保障措施不足，全程质量控制中存在风险。

（七）提升绿色食品食用菌（农场化模式）生产管理水平的建议

加大绿色食品宣传培训 一是绿色食品管理机构组织企业负责人、内检员开展绿色食品业务知识学习，探索开发绿色食品典型示范企业形象宣传视频，让广大企业充分了解绿色食品企业是什么，发展绿色食品该做什么，从而推动绿色食品标准制度在企业落地见效。二是分产业（如食用菌）开展专题培训，针对某类产品生产及绿色食品申报业务进行培训，提高企业绿色食品认知和产品生产管理水平。三是继续加大绿色食品管理机构从业人员（检查员）业务技能强化培训，从业人员不仅要熟悉绿色食品审核业务，也要懂绿色食品生产技术，这样才能对广大生产主体开展全面指导。

开展实地教学培训 一是指导各地以现有绿色食品典型示范企业为样板，分行业或种类（如食用菌）组织相关生产主体前往典型示范企业参观、考察和学习。二是分产业或分类制作典型示范企业发展绿色食品成功经验及成效的宣传片，供各地企业学习，借鉴先进措施和经验推动本行业、本地区企业的绿色发展。

加大绿色食品标准制定、修订及推广力度 继续完善现有绿色食品标准体系，查漏补缺。如中国绿色食品发展中心已发布了金针菇、杏鲍菇、黑木耳、香菇等绿色食品食用菌的生产操作规程，对于食用菌产业绿色发展具有重要的指导意义。应进一步加快更多食用菌品种绿色食品标准的制定与修订工作，逐步形成覆盖食用菌大宗、优势、特色品种的绿色食品标准体系。

供稿 云南省绿色食品发展中心 钱琳刚、王祥尊
昆明市农产品质量安全中心 江波

附件 食用菌现场检查报告（节选）

附件 食用菌现场检查报告（节选）

CGFDC-JG-10/2022

食用菌现场检查报告

<table>
<tr><td colspan="2">申请人</td><td colspan="5">宣威市祺怡种植专业合作社</td></tr>
<tr><td colspan="2">申请类型</td><td colspan="5">☑初次申请 □续展申请 □增报申请</td></tr>
<tr><td colspan="2">申请产品</td><td colspan="5">平菇</td></tr>
<tr><td colspan="2">检查组派出单位</td><td colspan="5">云南省绿色食品发展中心</td></tr>
<tr><td rowspan="5">检查组</td><td rowspan="2">分工</td><td rowspan="2">姓名</td><td rowspan="2">工作单位</td><td colspan="3">注册专业</td></tr>
<tr><td>种植</td><td>养殖</td><td>加工</td></tr>
<tr><td>组长</td><td>钱琳刚</td><td>云南省绿色食品发展中心</td><td>√</td><td></td><td></td></tr>
<tr><td rowspan="2">成员</td><td>王祥尊</td><td>云南省绿色食品发展中心</td><td>√</td><td></td><td></td></tr>
<tr><td>杨永德</td><td>曲靖市绿色食品发展中心</td><td>√</td><td></td><td></td></tr>
<tr><td colspan="2">检查日期</td><td colspan="5">2023年6月20—21日</td></tr>
</table>

中国绿色食品发展中心

注：标 ※ 内容应具体描述，其他内容做判断评价。

一、基本情况

（略）

二、质量管理体系

3	质量控制规范	质量控制规范是否健全？（应包括人员管理、投入品供应与管理、种植过程管理、产品采后管理、仓储运输管理、培训、档案记录管理等）	是
		质量控制规范是否涵盖了绿色食品生产的管理要求？	是
		种植基地管理制度在生产中是否能够有效落实？相关制度和标准是否在基地内公示？	是
		是否有绿色食品标志使用管理制度？	是
		是否存在非绿色产品生产？是否建立区分管理制度？	仅生产平菇，不存在非绿色食品生产，不必建立区分管理制度
		是否涵盖了绿色食品生产的管理要求？	是
4	生产操作规程	是否包括菌种处理、基质制作、病虫害防治、日常管理、收获后、采集后运输、初加工、储藏、产品包装等内容？	是
		是否科学、可行，符合生产实际和绿色食品标准要求？	是
		是否上墙或在醒目位置公示？	是
5	产品质量追溯	是否有产品内检制度和内检记录？	是
		是否有产品检验报告或质量抽检报告？	是

5	产品质量追溯	※是否建设立了产品质量追溯体系？描述其主要内容	已建立产品质量追溯体系，根据产品生产日期可以追溯到某个大棚和具体的责任人
		是否保存了能追溯生产全过程的上一生产周期或用标周期（续展）的生产记录？	/
		记录中是否有绿色食品禁用的投入品？	否
		是否具有组织管理绿色食品产品生产和承担责任追溯的能力？	是

三、产地环境质量

6	周边环境	※地理位置、地形地貌	宣威市祺怡种植专业合作社基地位于宣威市龙场镇龙林村委会黑泥塘，海拔2 200米，四周森林覆盖率85%
		※年积温、年均降水量、年均日照时数	年平均温度13℃，年均降水量962.2毫米，年均日照时数2 070小时
		※简述当地主要植被及生物资源	当地植被主要有云南松、华山松、中药材植物，生物资源主要为鸟类
		※农业种植结构	主要有玉米、马铃薯、烤烟
		※简述生态环境保护措施	及时回收投入品包装物，基地周边、沟渠边的生产废弃物及垃圾及时清理，禁止在产地周边新建工矿企业及养殖场，禁止倾倒垃圾
		产地是否距离公路、铁路、生活区50米以上，距离工矿企业1千米以上？	是

6	周边环境	产地是否远离污染源，配备切断有毒有害物进入产地的措施？	是
		是否建立生物栖息地，保护基因多样性、物种多样性和生态系统多样性，以维持生态平衡？	是
		是否能保证产地具有可持续生产能力，不对环境或周边其他生物产生污染？	是
		绿色食品与非绿色生产区域之间是否有缓冲带或物理屏障？	是
7	菇房环境	是否有污染源？	否
		布局是否合理？	是
		设施是否满足生产需要？	是
		※简述清洁卫生状况	菇房（棚）内外环境清洁卫生
		※简述消毒措施	用生石灰消毒
8	食用菌生产用水	※来源	深井水
		是否定期检测？检测结果是否合格？	是
		※简述可能引起水源受污染的污染物及其来源	产地地处森林腹地，深水井周围没有引起水源污染的污染物

<table>
<tr><td rowspan="12">9</td><td rowspan="12">环境检测项目</td><td rowspan="4">空气</td><td>□检测</td></tr>
<tr><td>☑符合NY/T 1054免测要求</td></tr>
<tr><td>□提供了符合要求的环境背景值</td></tr>
<tr><td>□续展产地环境未发生变化，免测</td></tr>
<tr><td rowspan="4">基质</td><td>☑检测</td></tr>
<tr><td>□符合NY/T 1054免测要求</td></tr>
<tr><td>□提供了符合要求的环境背景值</td></tr>
<tr><td>□续展产地环境未发生变化，免测</td></tr>
<tr><td rowspan="4">食用菌生产用水</td><td>☑检测</td></tr>
<tr><td>□符合NY/T 1054免测要求</td></tr>
<tr><td>□提供了符合要求的环境背景值</td></tr>
<tr><td>□续展产地环境未发生变化，免测</td></tr>
</table>

四、菌　种

<table>
<tr><td rowspan="2">10</td><td rowspan="2">菌种来源</td><td>※菌种来源（外购/自繁）</td><td>菌种外购，栽培种自繁</td></tr>
<tr><td>外购菌种是否有标签和购买凭证?</td><td>是</td></tr>
<tr><td rowspan="2">11</td><td rowspan="2">菌种处理</td><td>※简述菌种的培养和保存方法</td><td>菌种购入后，用本地的水稻、荞麦煮熟装入瓶内蒸汽消毒灭菌，再接入菌种，放入10～25℃、通风好的房间里自然生长，待菌丝长满后，就可以接入消毒好的菌包。如果暂时不用，就移入5～10℃的冷藏库里保存</td></tr>
<tr><td>※菌种是否需要处理？简述处理方法</td><td>经查，菌种不需要处理</td></tr>
</table>

五、基　质

12	基质组成	※简述每种食用菌栽培基质原料的名称、比例、年用量	经查，平菇栽培基质中玉米芯占85%，年用量2 550吨；麦麸占15%，年用量450吨
		※基质原料来源	经查，基质购于宣威市茂赢农业开发有限公司
		购买合同（凭证）是否真实有效?	是
13	基质灭菌	※简述基质灭菌方法	经查，基质根据比例拌好后，放入甑子里用蒸汽蒸8小时，采用高温灭菌

六、病虫害和杂菌防治

14	病虫害发生情况	※本年度发生病虫害和杂菌的名称及危害程度	经查，平菇生产过程中不使用农药。除有少量菌蚊，没有其他病虫害
15	农业防治	※具体措施及防治效果	控制温度和湿度
16	物理防治	※具体措施及防治效果	在棚内悬挂黄板、黄色吊球粘住菌蚊
17	生物防治	※具体措施及防治效果	没有生物防治措施
18	农药使用	※通用名、防治对象	没有使用农药
		是否获得国家农药登记许可?	/
		农药种类是否符合NY/T 393要求?	/
		是否按农药标签规定使用范围、使用方法合理使用?	/

18	农药使用	※使用NY/T 393 表A.1规定的其他不属于国家农药登记管理范围的物质（物质名称、防治对象）	/
19	农药使用记录	是否有农药使用记录?（包括地块、作物名称和品种、使用日期、药名、使用方法、使用量和施用人员）	/

七、采后处理

20	收获	※简述作物收获时间、方式	收获时间：全年，根据生产安排一年3茬，产品收获时装入60厘米×30厘米的全新塑料周转筐，放入冷库，所用周转筐每天用高压水枪清洗，保持干净整洁
		是否有收获记录?	是
21	初加工	※作物收获后经过何种初加工处理（清理、晾晒、分级等）?	经查，采收过程中按大小品质分级，再将菇体上附着的培养基等杂质去除干净后分装入筐
		※是否使用化学药剂?说明其成分是否符合GB 2760、NY/T 393中标准要求	没有使用化学药剂
		※简述加工厂所地址、面积、周边环境	加工厂位于平菇种植基地，面积250米^2，周围环境干净整洁
		※简述厂区卫生制度及实施情况	经查，厂区有卫生管理制度，制度可操作性、实用性强
		※简述加工流程	没有加工

21	初加工	※是否清洗？清洗用水的来源	没有清洗
		※简述加工设备及清洁方法	/
		※简述清洁剂、消毒剂种类和使用方法，如何避免对产品产生的污染？	/
		※加工设备是否同时用于绿色和非绿色产品？如何防止混杂和污染？	/
		初加工过程是否使用荧光剂等非食品添加剂物质？	没有加工

八、包装与储运

22	包装材料	※简述包装材料、来源	经查，没有进行包装，散装入市销售
		※简述周转箱材料，是否清洁？	经查，周转箱为塑料筐，每天用深井水、高压水枪清洗，保持清洁卫生
		包装材料选用是否符合NY/T 658标准要求？	每天采收，平菇鲜品及时运往市场销售，目前没有使用包装
		是否使用聚氯乙烯塑料？直接接触绿色食品的塑料包装材料和制品是否符合以下要求：未含有邻苯二甲酸酯、丙烯腈和双酚A类物质；未使用回收再用料等	/
		纸质、金属、玻璃、陶瓷类包装性能是否符合NY/T 658标准要求	/
		油墨、贴标签的黏合剂等是否无毒，是否直接接触食品？	/
		是否可重复使用、回收利用或可降解？	/

23	标志与标识	（略）	
24	生产资料仓库	是否与产品分开储藏？	是
		※简述卫生管理制度及执行情况	有卫生管理制度，制度中有防虫、防鼠、防潮措施，以及闲杂人员不得入内等要求，制度可操作性强
		绿色食品与非绿色食品使用的生产资料是否分区储藏，区别管理？	不存在非绿色食品
		※是否储存了绿色食品生产禁用物？禁用物如何管理？	没有储存绿色食品生产禁用物
		出入库记录和领用记录是否与投入品使用记录一致？	是
25	产品储藏仓库	周围环境是否卫生、清洁，远离污染源？	是
		※简述仓库内卫生管理制度及执行情况	有卫生管理制度，制度中有防虫、防鼠、防潮措施，以及闲杂人员不得入内等要求，制度可操作性强
		※简述储藏设备及储藏条件，是否满足食品温度、湿度、通风等储藏要求？	合作社建有250米^{2}冷库，能满足食用菌温度、湿度、通风等储藏要求
		※简述堆放方式，是否会对产品质量造成影响？	食用菌摆放距离墙和地面有一定空间，不会对产品质量造成影响
		是否与有毒、有害、有异味、易污染物品同库存放？	否
		※与同类非绿色食品产品一起储藏的如何防混、防污、隔离？	仅生产平菇，全部申报绿色食品，没有非绿色食品
		※简述防虫、防鼠、防潮措施，使用的药剂种类、剂量和使用方法是否符合NY/T 393规定？	摆放距离墙和地面有一定空间，可有效防虫、防鼠、防潮。没有使用任何药剂

25	产品储藏仓库	是否有储藏设备管理记录?	是
		是否有产品出入库记录?	是
26	运输管理	※采用何种运输工具?	专用绿色食品运输车辆
		※简述保鲜措施	产品采收后放入冷库，使用冷风预冷保鲜，温度控制在3～4℃。产品在24小时内销售完
		是否与化肥、农药等化学物品及其他任何有害、有毒、有气味的物品一起运输?	否
		铺垫物、遮垫物是否清洁、无毒、无害?	是
		运输工具是否同时用于绿色食品和非绿色食品?如何防止混杂和污染?	没有非绿色食品，不存在混杂
		※简述运输工具清洁措施	运输工具货箱用高压水枪反复冲洗干净，并待货箱晾干后运输
		是否有运输过程记录?	是

九、废弃物处理及环境保护措施

27	废弃物处理	污水、农药包装袋、垃圾等废弃物是否及时处理?	不存在污水、农药包装物。产生的废菌包外销给有机肥厂生产有机肥，用作其他农作物的肥料
		废弃物存放、处理、排放是否对食品生产区域及周边环境造成污染?	产生的废菌包不会对食品生产区域及周边环境造成污染
28	环境保护	※如果造成污染，采取了哪些保护措施?	建立环境保护制度，及时清理排除污染源，保持产地环境质量优良

十、绿色食品标志使用情况（仅适用于续展）

（略）

十一、收获统计

※食用菌名称	※栽培规模（万袋/万瓶/亩）	※茬/年	※预计年收获量（吨）
平菇	200万袋/年	3茬/年	2 550吨（鲜）

绿色食品金针菇（工厂化模式）现场检查案例分析

——以陕西众兴菌业科技有限公司为例

一、案例介绍

陕西众兴菌业科技有限公司（以下简称众兴公司）是以工厂化生产食用菌、药用菌及生物科技研发推广为主的农业高科技企业，成立于2012年9月，注册资金5 000万元，占地200亩。众兴公司以资源高效利用、循环利用为核心，利用农业生产过程中产生的废弃物，通过生物工程技术生产出高蛋白、高品质食用菌。经过不断的创新、发展，众兴公司拥有17项国家专利，产量、质量位居食用菌行业前列。

二、现场检查准备

（一）现场检查任务

陕西省农产品质量安全中心于2022年6月20日收到众兴公司的绿色食品申报材料，企业申报产品为金针菇。申报材料审查合格。决定委派2名具有种植专业资质和食用菌专业能力的绿色食品检查员，于2022年7月22日对该企业实施现场检查，检查时间选择金针菇生产过程中易发生质量安全风险的阶段。

（二）掌握基本情况

检查组通过审阅申请材料，了解申请人基本情况和申报产品基本情况。众兴公司位于陕西省杨凌农业高新技术产业示范区城南路中段，土地属性为公司自有。申报产品金针菇，不存在平行生产。

（三）制订检查计划

现场检查需要检查金针菇的全部生产环节。检查内容：产地环境质量状况及周边污染源调查，质量管理体系和生产管理制度落实情况，食用菌基质组成、来源和使用，农药和食品添加剂的使用，消毒情况调查，生产记录核实，风险评估等。

（四）发送现场检查通知书

2022年7月16日，将“绿色食品现场检查通知书”及现场检查计划发送至申请人众兴公司，请申请人做好各项准备，配合现场检查工作，申请人签字确认后回复。

三、现场检查实施

2022年7月22日，检查组到达众兴公司（图16-1）。

（一）首次会议

检查组在众兴公司会议室召开首次会议，众兴公司厂长、质量厂长、技术厂长、生产部技术员、品控部绿色食品内检员参会。参会人员填写“绿色食品现场检查会议签到表”。首次会由检查组组长主持，检查组向申请人

图16-1　检查组到达企业

介绍此次检查的目的、依据和相关要求，并宣读保密承诺。众兴公司厂长介绍了企业经营情况与申请产品的基本情况，质量厂长介绍了生产管理的具体情况，品控部绿色食品内检员介绍了实施内部检查工作的具体流程。双方商定了此次检查行程安排。

（二）实地检查

产地环境　栽培模式为工厂化栽培，生产规模为5 400万瓶。工厂周边生态环境良好，无污染源。工厂内全部为绿色食品生产区域，设施齐全，布局合理，干净卫生，符合国家相关要求和绿色食品标准。经检查员确认，环境检测项目为基质和食用菌生产用水。

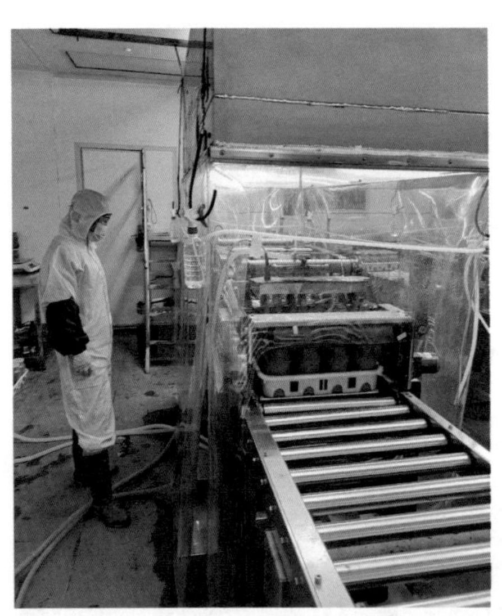

图 16-2　检查菌种培育

菌种培育　检查组检查菌种车间（图16-2）。菌种母种为企业自主研发，高压蒸汽灭菌，所用培养基、灭菌设备、接种工作台、消毒方式等符合绿色食品相关要求。

拌料装瓶　基质组成：米糠占比37%，使用量6 729吨；玉米芯占比37%，使用量6 662吨；麸皮占比9%，使用量1 615吨；黄豆皮占比3%，使用量538吨；甜菜渣占比4%，使用量740吨；啤酒渣占比7%，使用量1 346吨；贝壳粉占比2%，使用量337吨；碳酸钙占比1%，使用量141吨，基质来源为外购。检查组检查了拌料装瓶所用方法、设备（图16-3），观察现场是否有其他投入品使用痕迹，同时查阅记录，确定该环节不使用消毒剂和其他投入品。该环节生产用水来源为众兴公司自有井的地下水，水样定期检测，不存在污染源和潜在污染源。

图 16-3　拌料装瓶

灭菌接种　根据众兴公司实际生产情况，菌瓶由传送带从装瓶车间传送至灭菌接种车间，检查员对该环节进行了检查，该环节分为3个区域：灭菌间、冷却间和接种间。检查组通过查阅记录、随机访问工作人员，确定该环节使用臭氧对空间进行消毒。灭菌接种环节符合绿色食品相关要求（图16-4）。

发菌室　发菌室门口标识清晰，室内可控温，可以满足发菌需要。发菌环节主要风险点为消毒剂的使用，通过随机访问工人，确定该环节使用臭氧进行空间消毒，现场未发现其他消毒剂的使用痕迹（图16-5）。

图 16-4　检查灭菌车间

图 16-5　检查发菌室

出菇场所　金针菇工厂化的育菇以床架式栽培为主。菇房布局合理，生产过程未发现污染源。检查员检查出菇过程（图16-6），并通过查阅相关记录，核实出菇过程的相关参数控制与申报材

图 16-6 检查出菇过程

料一致。通过查阅生产记录、随机访问工人、调查使用痕迹等，核实了金针菇生产使用石灰水对出菇场所进行地面消毒，符合绿色食品相关要求。食用菌的主要病虫害为根腐病、青霉病、细菌斑点病、绵腐病、菇蝇、尖眼蕈蚊、螨类。早期对基质使用蒸汽高温灭菌，菇房用臭氧消毒，后期一般无病虫害。若有，则应尽快挖除带菌培养基，弃除或烧掉，以免感染其他培养基；降低室温，加强菇房通风；控制水分，禁止将水喷到菇体上；可在水中加入漂白粉，取清液喷洒育菇房，以杀死病原菌。现场检查时，检查组看到受杂菌感染的菌棒被集中收集后清出，未发现出菇期使用药剂的痕迹。

采收方式 金针菇生长周期58～60天，进入育菇阶段23天左右，菌柄长至13～15厘米、菇帽直径1厘米左右采收。采收方式为人工采收。

基质原料库 原料存放区域标识清晰。基质原料区存放的原料包括米糠、玉米芯、麸皮、黄豆皮、甜菜渣、啤酒糟、贝壳粉、碳酸钙（图16-7），符合基质配方要求。检查员对基质原料来源票据进行了逐项核查，基质原料来源固定，原料年购买量能够满足食用菌生产要求。基质原料的堆放场所环境未发现不符合项。检查员随机访问了该环节工作人员，核实质量控制规范的落实情况，确认基质配方清单上必须有内检员签字才可实施装袋。该环节符合绿色食品相关要求。

生产资料库 各类生产资料分区存放，且标识清晰。发现在绿色食品生产库存区存有石灰、粘蝇纸、菌瓶、包装箱等，未发现绿色食品标准禁用的物质。检查员访问了库房管理员，核实内检员职责是否能有效落实，了解到在生产资料购买前须由内检员签字确认才能购买。

图 16-7　检查基质原料

成品库　金针菇均存放于冷库。每批次产品分区存放，标识清晰。经访问库房搬运工，核实食用菌在库房仅为短时间暂存，随后鲜品低温运输出库。通过查阅出库记录，核实了搬运工的说法。在库房未发现保鲜剂的使用痕迹。库房中产品用纸箱包装，申报绿色食品的产品包装上产品名称、商标等信息与申报材料一致（图16-8）。

图 16-8　检查产品包装

废弃物处理　检查组查看了企业用挖瓶机将金针菇栽培瓶中的废料挖出，循环利用。在处理废菌渣的生态循环综合利用加工区，核实废菌渣用于饲料或有机肥生产。生产废弃物的处理方法对周边环境和其他生物不产生污染（图16-9）。

实验室 实验室主要检测基质原料的外观和水分，拌料时基质的水分和pH值，以及产品的感官和水分等项目。检测设备能够保障检测正常开展，实验人员持证上岗，记录健全，能够满足日常检测要求（图16-10）。

图 16-9 检查废弃物循环利用

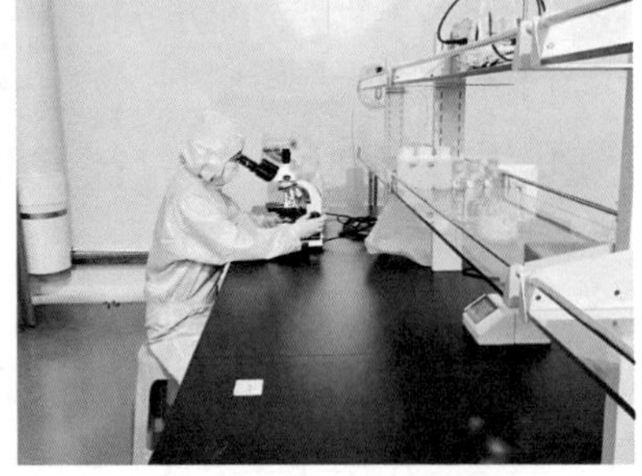

图 16-10 实验室

（三）查阅文件（记录）

检查组在档案室查阅了企业的各项档案资料。对营业执照、质量管理体系认证证书、菌种生产许可证、食品加工许可证、商标注册证等证书的原件进行核查。核实土地流转合同、生产投入品与生产原料购销合同及票据的原件，确认其真实性和有效性。查阅上一年度的原始生产记录、内部检查记录、培训记录等。档案记录中未发现不符合项。

（四）总结会

会前讨论 召开总结会前，检查组对申请人的具体情况进行讨论和风险评估，通过内部沟通形成现场检查意见。确认企业各生产环节建立了合理有效的生产技术规程，操作人员能够了解规程并准确执行；评估了整体质量控制情况，申报产品不存在平行生产的问题，但企业仍然建立了有效的区别管理制度，在各生产场所均有制度“上墙”，制度能够有效落实，能够保证申报产品质量稳定；评估了生产过程的投入品使用，确定其符合绿色食品标准要求；评估了食用菌生产全过程对周边环境的影响，未发现造成污染。检查组就现场检查意见与申请人进行了充分沟通。

组织召开总结会 检查组组长向众兴公司通报现场检查意见：基地周边未发现污染源和潜在污染源，质量管理体系较为健全，生产技术与管理措施符合绿色食品相关标准要求，包装材料和形式符合相关标准要求，能够保证绿色食品产品的生产，现场检查合格。建议申请人后续应加大培训力度和监管力度。众兴公司厂长对检查结果认可，并表示后续将定期开展绿色食品专题培训，并严格落实内部检查制度。参会人员填写“绿色食品现场检查会议签到表”。

四、检查报告

现场检查结束后，检查员完成现场检查报告。检查组于2022年8月13日将“食用菌现场检查报告”、现场检查照片、“绿色食品现场检查会议签到表”“绿色食品现场检查发现问题汇总表”提交至陕西省农产品质量安全中心。

五、绿色食品食用菌（工厂化模式）现场检查案例分析

（一）产地环境

①确认栽培区是否避开污染源；②确认是否存在常规栽培区域，是否采取了有效防止污染的措施；③确认生产废弃物是否对环境或周边其他生物产生污染；④检查栽培基质质量、加工用水质量是否符合NY/T 391《绿色食品　产地环境质量》的要求。

（二）菌种来源与处理

①明确菌种品种、来源；②检查自制菌种的培养和保存方法，

明确培养基的成分、来源；③检查制作菌种的设备和用品。

（三）食用菌栽培

①检查栽培设施、场地，是否与位置图和基地分布图的方位、面积一致；②核查栽培基质原料的堆放场所是否符合NY/T 1056《绿色食品　储藏运输准则》的要求；③检查栽培基质的原料名称与配制比例，主要原料来源及年用量，原料是否有转基因品种（产品）及其副产品；④检查各个环节的清洁消毒措施，使用的物质是否符合NY/T 393《绿色食品　农药使用准则》的要求；⑤检查栽培基质灭菌方法，栽培品种，栽培场地，栽培设施。

（四）病虫害防治

核查病虫害防治的方式、方法和措施是否符合NY/T 393《绿色食品　农药使用准则》的要求。

（五）收获及采后处理

①了解收获的方法、工具；②检查绿色食品在收获时采取何种措施防止污染；③了解采后产品质量检验方法及检测指标；④了解采后处理方式，涉及投入品使用的，核查使用的投入品是否符合NY/T 392《绿色食品　食品添加剂使用准则》、NY/T393《绿色食品　农药使用准则》及GB 2760《食品安全国家标准　食品添加剂使用标准》的要求。

（六）包装、贮藏运输与标识

①核查包装及标识是否符合NY/T 658《绿色食品　包装通用准则》的要求；②核查贮藏运输是否符合NY/T 1056《绿色食品　储藏运输准则》的要求。

（七）质量控制体系

①检查企业是否有绿色食品生产负责人和企业内检员；②查看企业质量控制规范、种植技术规程、产品质量保障措施等技术性文件的制定与执行情况；③检查申请人是否有统一规范、内容全面的

生产记录，是否建立了全程可追溯系统；④检查档案记录是否有专人保管并保存3年以上；⑤存在平行生产的，是否建立了区分管理全程质量控制系统。

（八）风险评估

①评估各生产环节是否建立有效合理的生产技术规程，操作人员是否了解规程并准确执行；②评估整体质量控制情况，是否存在平行生产，质量管理体系是否稳定；③评估农药、肥料等投入品使用是否符合绿色食品标准的要求；④评估食用菌生产全过程是否会对周边环境造成污染。

供稿　陕西省农产品质量安全中心　王璋